科技探索·第一视野

KEJI
TANSUO
DIYI
SHIYE

QIHOU YU JIEQI MANTAN

U0837230

王建 编著

# 气候与节气漫谈

最新鲜的百科知识
最酷炫的探秘信息
前所未有的想象力激发方式

ZUI XINXIAN DE BAIKE ZHISHI
ZUI KUXUAN DE TANMI XINXI
QIANSUOWEIYOU DE XIANGXIANGLI JIFA FANGSHI

中国出版集团
现代出版社

**图书在版编目（CIP）数据**

气候与节气漫谈 / 王建编著. — 北京：现代出版社，2012.9（2024.1）
（科技探索·第一视野）
ISBN 978-7-5143-0695-8

Ⅰ. ①气… Ⅱ. ①王… Ⅲ. ①气候-青年读物②气候-少年读物③二十四节气-青年读物④二十四节气-少年读物 Ⅳ. ①P46-49

**中国版本图书馆 CIP 数据核字（2012）第 170344 号**

**气候与节气漫谈**

| | |
|---|---|
| **编　　著** | 王　建 |
| **责任编辑** | 杨学庆 |
| **出版发行** | 现代出版社 |
| **地　　址** | 北京市安定门外安华里 504 号 |
| **邮政编码** | 100011 |
| **电　　话** | 010-64267325　010-64245264（兼传真） |
| **网　　址** | www.1980xd.com |
| **电子信箱** | xiandai@vip.sina.com |
| **印　　刷** | 三河市人民印务有限公司 |
| **开　　本** | 710mm×1000mm　1/16 |
| **印　　张** | 14.5 |
| **版　　次** | 2012 年 10 月第 1 版　2024 年 1 月第 9 次印刷 |
| **书　　号** | ISBN 978-7-5143-0695-8 |
| **定　　价** | 59.80 元 |

# 前言 PREFACE

## 气候与节气漫谈

春雨惊春清谷天，夏满芒夏暑相连。

秋处露秋寒霜降，冬雪雪冬小大寒。

每月两节不变更，最多相差一两天。

上半年来六廿一，下半年是八廿三。

这就是我们熟悉的二十四节气歌。

二十四节气，是中国劳动人民在长期的生产斗争中逐渐总结出来的。早在2400年前的春秋时期，就确立了四立(即立春、立夏、立秋、立冬)。在《吕氏春秋》十二纪中，已记载了完整的八个节气（即四立、二至、二分)。而在西汉《淮南子》一书中，则可见到完整的二十四节气的最早记载。

二十四个节气，很有规律地反映出季节、气候与农事的关系。所谓气候，是指地球上某一地区多年时段大气的一般状态 ，是该时段各种天气过程的综合表现。

地球年龄约为46亿年，在地质历史上，地球的气候发生过显著的变化。大约在一万年前，最后一次冰河期结束，地球的气候相对稳定在当前人类习以为常的状态。在这种适宜的气候条件下，现代人类形成并逐渐发展。但是气候变化从来没有停止过，近一万年也有过多次比现在更暖和更冷的气候阶段。

气候变化有着它自己的规律。可是到了近一两百年工业迅速发展起来后，人类对地球资源掠夺式的开发、天然植被的大面积破坏、空气和水资源的污染，造成了地球环境的严重改变，使得大气中二氧化碳等温室气体含量快速增加，引起了气候变化异常。

气候变化导致灾害性气候事件频发，冰川和积雪融化加速，水资源分布失衡，生物多样性受到威胁。气候变化还引起海平面上升，沿海地区遭受洪涝、风暴等自然灾害影响更为严重，小岛屿国家和沿海低洼地带甚至面临被淹没的威胁。

气候变化对中国的影响主要集中在农业、水资源、自然生态系统和海岸带等方面，可能导致农业生产不稳定性增加、南方地区洪涝灾害加重、北方地区水资源供需矛盾加剧、森林和草原等生态系统退化、生物灾害频发、生物多样性锐减、台风和风暴潮频发、沿海地带灾害加剧、有关重大工程建设和运营安全受到影响。

了解节气、气候，对于我们来说都是很有必要的。为此，我们编写了这本《气候与节气漫谈》一书，让读者朋友对气候与节气常识有个基本了解，对当前严峻的气候变化有个清醒的认识，如果能从身边做起，为改善气候作出一份贡献那就善莫大焉。

目录

# CONTENTS

气候与节气漫谈

QIHOU YU JIEQI MANTAN

## 节　气



## 气候变化



## 世界气候极值

# 从宇宙和地球说起



在我国古代，人们就利用土圭来实测日晷，将每年日影最长定为“日至”[又称日长至（即太极图中四象的太阴）、长至、冬至]，日影最短为“日短至”（又称短至、夏至）。在春秋两季各有一天的昼夜时间长短相等，便定为“春分”和“秋分”。这就是二十四节气的雏形。

可以说节气反映了地球围绕太阳运动的过程，人们也是根据地球、太阳的运行情况来确定节气的。而气候，更是与地球、太阳乃至宇宙有着密切的关系。所以，我们要想弄清楚节气、气候，必须先要对宇宙、太阳和地球有个必要的了解。

# 宇宙与星系

我们常常说“宇宙”，但“宇宙”是什么呢？我们又总是把“宇宙”和“空间”两个词语连起来用，但是，宇宙就只是一个无限大的空间吗？宇宙中有些什么呢？我们将在本节内容中详细地解答这些问题。

## ◎宇宙是什么

在汉语中，“宇”和“宙”本来是两个单独的词语。“宇”的意思是上下四方，即所有的空间；“宙”的意思是古往今来，即所有的时间。所以“宇宙”就有“所有的时间和空间”的意思。古人把“宇”和“宙”两个词连在一起，组成一个新的词语，说明了中国古代的劳动人民很早就发现了时间和空间不能单独存在的真理。

**知识小链接**

**宇宙的起源**

一般认为，宇宙产生于150亿年前一次大爆炸中。大爆炸散发的物质在太空中漂游，由许多恒星组成的巨大的星系就是由这些物质构成的。大爆炸后30亿年，最初的物质涟漪出现。大爆炸后20亿～30亿年，类星体逐渐形成。大爆炸后100亿年，太阳诞生。38亿年前地球上的生命开始逐渐演化。

在西方，“宇宙”这个词在英语中叫“cosmos”、“universe”、“space”，在俄语中叫“косMос”，在德语中叫“kosmos”，在法语中叫“cosmos”。它们都源自希腊语的“Κοσμοζ”。“Κοσμοζ”的原意是秩序。这说明古希腊人认为宇宙的创生乃是从混沌中产生出秩序来。

从东西方对宇宙的理解中，我们不难看出中国的古人强调的是宇宙空间和时间的整体性，而西方人强调的则是宇宙的秩序。实际上，空间与时间的整体性以及有序的秩序性都是宇宙的特点。随着天文学的产生和发展，人们对宇宙的认识逐步清晰起来。现在，人们一般认为，宇宙是由空间、时间、物质和能量所构成的统一体。一般理解的宇宙指我们所存在的一个时空连续系统，包括其间的所有物质、能量和事件。

## ◎宇宙中的天体

那么，宇宙究竟是什么样子的呢？宇宙中存在着无数的天体，根据它们各自的特点可归纳为恒星、行星、卫星、流星、彗星和星云等类。恒星质量很大，自己能发光、凭肉眼能看到的天体，99%以上都是恒星。从地球上看，恒星的相对位置似乎是固定不变的，但实际上，一切恒星都在不停地运动。

宇宙中的天体

彗 星

行星自己不发光，质量也远比恒星小，并且绕恒星运动。地球便是绕着太阳运动的行星之一。卫星质量比行星更小，绕行星运动，并随着行星绕恒星运动。流星的质量更小，也不发光。流星在行星际空间运行，当接近地球，受到引力时，可以改变轨道，甚至陨落。当它进入地球大气层后，因与大气摩擦，迅速增温至白热化，发生燃烧。绝大部分流星在到达地面以前就已完全烧毁，少数能落到地面上成为陨星。

彗星是一种很小的，但具有特殊外表和轨道的天体。它由彗核、彗发和彗尾三部分组成。彗核是相对集中的疏松同体物质。彗发是彗核释放的分子和原子，它成一团气体围绕着彗核。彗尾是由电离的分子和固体小粒子组成。这些分子和小粒子受到太阳光压的作用，形成一条背向太阳的尾巴，即彗尾。

星云是一种云雾状的天体。离地球非常遥远的河外星云，是一些恒星系统，而作为银河系组成部分的银河星云则是极端稀薄和高度电离的氢和氮的混合物。

## ◎星系和星系群

鉴于用普通的长度单位，甚至用地球和太阳的平均距离（$14960\times10^4$ 千米，称为天文单位），都难以表示宇宙空间的距离。于是，人们把光在一年中传播的距离（$94600\times10^8$ 千米）称做一个光年，作为量度天体距离的单位。

现有的仪器已经能够观察到远离地球 $100\times10^8$ 光年的空间。在可以观察到的这部分宇宙中，约有 1023 个恒星。几十亿到几百亿颗恒星的集合体是一个星系。例如银河系，就是一个包括 1000 多亿颗恒星的星系。银河系是一个旋转着的扁平体，绝大多数星体都密集在它的中心平面附近。它的直径约为 $10\times10^4$ 光年，中心厚度约 10000 光年，其余部分厚度约 1000 光年。

银河系

到目前为止，已经发现了 10 亿多个类似银河系这样的星系。星系表现为成对或成群的聚集状态，组成星群。例如，银河系和包括比邻星系以及大、小麦哲伦云在内的近 20 个星系，组成了本星系群。本星系群直径约 $300\times10^4$ 光年。比星系群更大，包括几百个到几千个星系的集团，称为星系团。例如室女座星系团，包含 2700 个星系，直径可达 $850\times10^4$ 光年。人们把已知宇宙的总体称为总星系。

# 太阳系

地球是我们的家园，所以比起其他星球来说，我们对地球的了解最多。但是地球太大了，我们没有办法亲眼看见它的全貌。正所谓“不识庐山真面目，只缘身在此山中。”而地球只是太阳系中一颗普通的行星。所以要全面地认识地球，我们必须从太阳系讲起。

**你知道吗**

**冥王星是大行星吗**

到目前为止，科学家共确认地球有八大行星，从离太阳的距离从小到大依次为水星、金星、地球、火星、木星、土星、天王星、海王星。1930 年由美国天文学家汤博发现的冥王星曾被认为是大行星，2006 年 8 月 24 日召开的国际天文学联合会第 26 届大会将其定义为矮行星。

## ◎银河系和太阳系的关系

在无限广大的宇宙中，银河系只是一个普通的星系。银河系直径约有 $10\times10^4$ 光年，它包含 $1500\times10^8$ 颗恒星，太阳只是其中之一。太阳位于距银河系中心——银心约 27000 光年，距银河系边缘 23000 光年的地方。太阳是一个炽热的发光球，它的内部不断进行着剧烈的热核反应。太阳表面温度高达 6000℃，中心温度更高达 $1500\times10^4$℃。

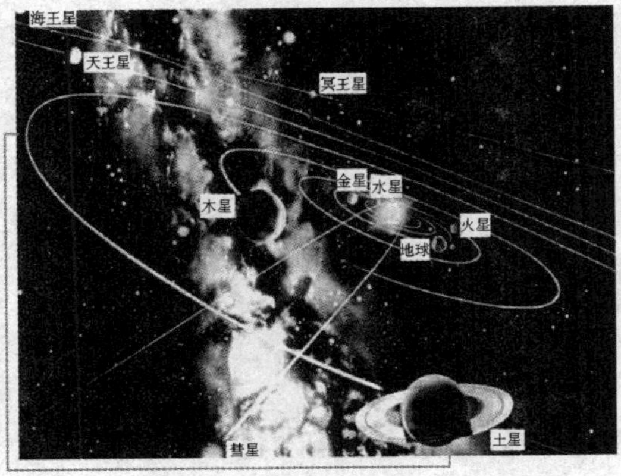


太阳系

在已知宇宙中，太阳是一个中等大小的恒星。它直径约为 $140\times10^4$ 千米，相当于地球直径的 109 倍，表面积约为地球的 12000 倍，体积约为地球的 $130\times10^4$ 倍，质量约 $1.989\times10^{27}$吨，相当于地球的 $33.3\times10^4$ 倍，并且占整个太阳系质量的 99.86%。质量巨大的太阳，以其巨大的引力维持着一个天体系统绕着它运动。这个天体系统就是太阳系。太阳位于太阳系的中心。

### ◎太阳系中的行星和卫星

太阳系包括 8 个大行星，49 个卫星和成千上万个小行星，还有少数彗星。如果把彗星轨道计算在内，则太阳系直径将达到 $(6\sim8)\times10^4$ 天文单位，即 $(9\sim12)\times10^{12}$ 千米。

太阳系中行星和卫星绕太阳的运动，具有以下几方面的共同特征：

（1）所有行星的轨道偏心率都很小，几乎都接近于圆形。

（2）它们的轨道面都近似地在一个平面上，对地球轨道面（黄道面）的倾斜也都不大。

（3）所有行星都自西向东环绕太阳公转，除金星和天王星外，所有行星的自转方向也自西向东。

（4）所有行星的赤道面对轨道面的倾斜都比较小，只有天王星是唯一的例外。

（5）大多数卫星的轨道都近似圆形，其轨道面接近母星（即卫星运动时围绕的那颗星）的赤道面。

（6）大多数卫星，公转方向都和母星的公转方向相同。

## 地球运动

太阳系中的行星和卫星是绕着太阳运动的。地球自然也不例外，那么，它是怎样绕着太阳运动的呢？它的运动有哪些特点呢？我们怎样才能感知地球的运动呢？

## ◎ 地球的公转

对宇宙和太阳系有了初步的认识以后，我们就可以来讲一讲地球了。因为地球是人类居住的家园，所以曾经有一个很长的时期，人们认为地球是宇宙的中心，一切天体都绕着地球运行。直到 1543 年，哥白尼的《天体运行论》发表，“日心学说”创立，这个错误观念才逐渐被抛弃。当然，哥白尼创立的“日心说”也有它的时代局限性。为什么这么说呢？因为经过科学家的研究发现，无限广大的宇宙根本就不存在所谓的中心。那么，太阳自然也不是宇宙的中心。太阳只是太阳系的中心。而太阳在银河系中，又只不过是旋涡臂上的一个小点，一颗普通的恒星罢了。地球则只是太阳系中一颗普通的行星。

> 广角镜
>
> **距离太阳系最近的星系**
>
> 距离太阳系最近的星系是大犬座矮星系，这是一个距离太阳系只有 25000 光年的银河系卫星星系。这个星系在 2003 年 11 月才被由法国、意大利、英国和澳大利亚的天文学家共同组成的国际团队发现。

哥白尼在他的伟大著作《天体运行论》中不但揭示了地球并不是宇宙的中心，还论证了不是太阳绕地球运动，而是地球绕太阳运动。这就是地球的公转，地球绕太阳转一圈的时间就是一年。根据万有引力公式计算，地球与太阳之间的吸引力约为$3.5\times10^{22}$牛顿。地球绕太阳作圆周运动的速度约为 30 千米/秒，由此产生的惯性离心力与太阳对地球的引力平衡，使地球不会掉向太阳，而是一直绕太阳公转。

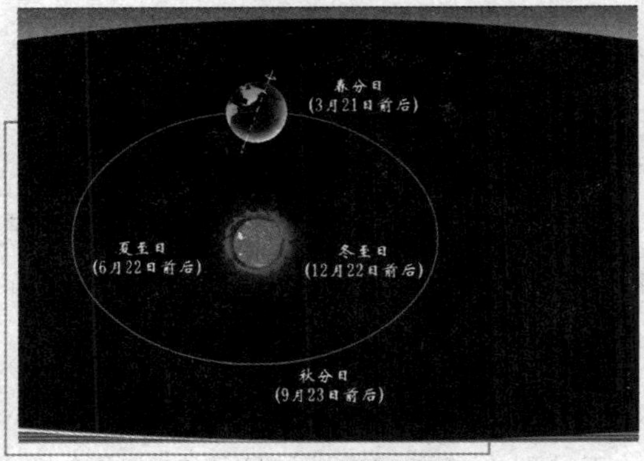


地球围绕太阳公转

事实上，地球围绕太阳运动的轨道不是圆形，而是椭圆形的。每年 1 月初，地球经过轨道上离太阳最近的地点，天文学家将其称为近日点，这时地球距离太阳 14710 万千米。7 月初，地球经过轨道上离太阳最远的地点，天文学家将其称为远日点，这时地球距离太阳 15210 万千米。所以，1 月份我们看到的太阳，要比 7 月份稍大一些。但是，地球的轨道是一个非常接近于圆的椭圆形，所以这种差别实际上极不明显，肉眼是无法看出来的，只有通过精密的测量才能发现。

更精确的观测告诉我们，地球的轨道与椭圆形还有些稍小的差别，那是因为月球以及火星、金星等其他行星，都在用自己的吸引力影响地球的运动。然而，它们都比太阳小得多，对地球的引力作用很小，难以与太阳抗衡，所以，地球的轨道还是很接近于椭圆形。因此，严格地说，地球公转的轨道是一条复杂的曲线，这条曲线十分接近于一个偏心率很小的椭圆形，天文学家已经完全掌握了地球这种复杂运动的规律。

**拓展阅读**

**《天球运行论》的内容**

《天球运行论》共 6 卷。第一卷论太阳居宇宙的中心，地球和其他行星都绕太阳运行。第二卷论地球的自转。第三卷论岁差。第四卷论月球的运行和日月食。第五卷、第六卷论水星、金星、火星、木星和土星五大行星。

## ◎ 地球的自转

地球同太阳系其他八大行星一样，在绕太阳公转的同时，绕着一根假想的自转轴在不停地转动，这就是地球的自转。昼夜交替现象就是由于地球自转而产生的。地球自转也遵循着一定的规律。

长期以来，人们一直以为地球均匀不变地绕着自转轴旋转，大约每 23 小时 56 分旋转 1 周。实际上，地球并不是那么老老实实地按照均匀速度自转。

在一年内，它有时快，有时慢。

地球的自转运动不仅在一年中是不均匀的，在许多世纪的过程中也是不均匀的。在最近2000年来，每过100年，1昼夜就要加长0.001秒。而且，每过几十年，地球还会来一个“跳动”，有几年转得快，有几年又转得慢。这是为什么呢？

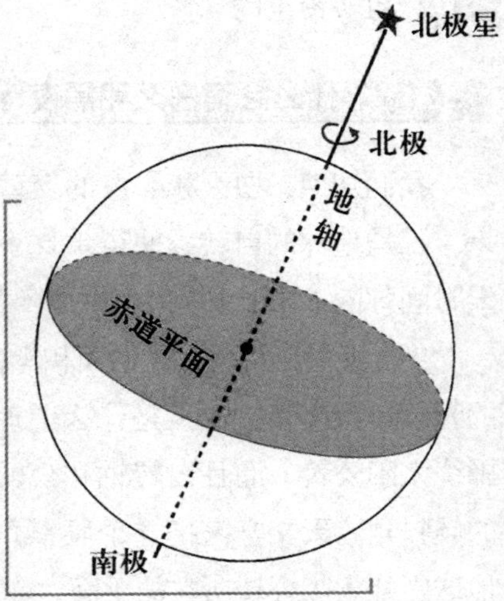

地球自转示意图

科学家孜孜不倦地找寻原因，答案已逐步明朗：南极的巨大冰川，现在正在慢慢融化，这就意味着南极大陆的冰块在减少，南极大陆的质量在减轻。正是地球质量分布的变化影响了地球的自转速度。月亮能引起地球上海水的涨落，这种涨落是和地球旋转的方向相反的，这样就使地球的自转速度逐渐变慢。每年冬天，风从海洋吹到大陆上，夏天，风又从大陆吹回海洋。这些流动空气的质量大得难以相信，竟有300万亿吨。这么大质量的空气，从一处移到另一处，过一阵儿，又从另一处移回来，这就使地球的重心起了变化，结果旋转速度也就时快时慢。

地球自转速度还与海洋洋流、地壳板块运动、地核物质的重新分布等原因有关，它们都或大或小地影响了地球自转速度。因此，影响地球自转速度变化的原因很复杂，这已经成为天文学的一个重要研究课题。

## 地球公转和自转的结果

地球公转和自转给我们带来了什么呢？可以说我们身边的一切都是地球公转和自转带给我们的。但是这样说，大家不容易理解。白天和黑夜的更替，四季的轮回，这些是大家最熟悉不过的自然现象了。这些自然现象就是地球公转和自转带来的。

## ◎为什么会有白天和黑夜

我们知道，白天和黑夜的交替是由于地球永不疲惫地绕自转轴自转的结果。正是地球的自转，使得地球上的大部分地区都有半天时间朝向太阳，半天时间背向太阳。朝向太阳的时候就是白天，背向太阳的时候就是黑夜。

生活经验告诉我们，白天和黑夜并不一样长，夏季的时候日长夜短，冬季的时候日短夜长，这又是什么道理呢？因为我们生活的地球不仅在自转，还围绕太阳公转，而且自转轴和公转轨道平面并不垂直，始终保持一个23°26′的倾斜角。天文学家把这个倾斜角叫做黄赤交角。黄也就是黄道平面，它是地球围绕太阳公转所在的平面。赤是指赤道平面。地球就像一个忠实的奴仆，点头哈腰地绕太阳公转，四季变化和日夜长短不均的奥秘都在于此。

地球在公转轨道上运动时，由于与太阳的相对位置发生变化，阳光直射点在地球上的位置也在发生变化。一年中，太阳直射点在南北纬23°26′之间来回移动。天文学家将南纬23°26′称为南回归线，把北纬23°26′称为北回归线。当太阳直射点落在南回归线附近时，太阳光斜照在北半球上，北半球受到的太阳的光和热就少，于是，北半球进入冬季。此时，一天内北半球照到太阳光的时间短，而照不到太阳光的时间长，因此，造成了冬季日短夜长。相反，当太阳直射点在北回归线附近，太阳光直照在北半球上，北半球受到的太阳的光和热就多，于是，北半球进入夏季。此时，北半球每天照到太阳光的时间长，而照不到太阳光的时间短，所以，造成了夏季日长夜短。

基本小知识

### 纬　线

纬线是人们为了在地球上确定位置和方向，在地球仪和地图上画出来的，它是与地轴垂直并且环绕地球一周的圆圈。纬度线投射在图上看似水平的平行线，但实际上是不同半径的圆。赤道的纬度为0°，将行星平分为南半球和北半球。

太阳直射北回归线的那一天称为夏至，这是北半球一年中白天最长、黑夜最短的一天。夏至过后，阳光直射点从北回归线向南移动，白天渐渐变短，天也渐渐冷了。到了冬至这一天，阳光直射南回归线，这是北半球一年中白天最短而黑夜最长的一天。

由于阳光直射点在南北回归线之间来回移动，因此，一年中阳光直射点总有两次会落在赤道上，在春天的那一次称为春分，秋天的那一次则称为秋分。这两天都有一个共同的特点，即全世界所有地方白天和黑夜都一样长。

另外，昼夜长短的时间在不同的地方也是不相同的。例如，夏至那天，白天持续的时间在广东汕头是 13 小时 30 分，在北京是 15 小时，到了东北黑龙江的黑河市则可长达 16 小时 18 分了。冬至那天，白天持续的时间在汕头是 10 小时 36 分，在北京是 9 小时 16 分，而在黑河市则短至 8 小时。从中可以看出，在夏季，越是往北，白天越长；相反的，在冬季，则越是往北，白天越短。



## ◎极昼和极夜是怎样产生的

地球自转造成了白天和黑夜的交替，地球公转造成了四季的轮回。那么，地球的自转和公转除了这些还带来什么呢？地球自转轴和公转轨道之间的夹角的存在不但造成了有时候白天长，有时候白天短的现象，还在南北极造成了半年白天，半年黑夜的极昼、极夜现象。这种现象是如何产生的呢？

我们知道，地球在围绕太阳旋转的时候，身体有点儿倾斜。地球的赤道平面并不和公转的轨道平面垂直。它们相交成 23°26′的夹角。

每年春分，太阳直射地球的赤道。然后地球渐渐移动，到了夏天，日光直射到北半球。以后经过秋分，太阳再直射到赤道。到了冬季，太阳又直射南半球去了。在夏季这段时间，北极地区整天在日光照耀之下，不管地球怎样自转，北极都不会进入地球上未被阳光照到的暗半球内，一连几个月看见太阳悬挂在天空。直到秋分以后，阳光直射到南半球去，北极进入了地球的暗半球里，漫漫长夜方才降临。在整个冬季，日光一直不能照到北极。半年以后，等到春分，太阳才重新露面。所以北极半年是白昼（从春分到秋分），另半年是黑夜（从秋分到春分）。

同样的道理，南极也是半年白昼，半年黑夜。只不过时间和北极正好相反。北极白昼的时候，南极是黑夜。北极黑夜的时候，南极是白昼。

实际上，由于大气折射的影响，太阳还在地平线下面半度左右的时候，日光就已经照射到地面上来。因此，北极在春分前两三天，太阳光就已经照到地面。而秋分之后，也要过两三天太阳才完全隐没下去。所以北极的白昼要比半年长一些。同样的道理，南极的白昼也是半年多一点。不过，由于地球公转轨道不是正圆形，北极的白昼比南极的还要略长一些。

正因为如此，在每年的春分和秋分前后几天，在南极和北极，同时都可看见太阳，过着共同的白昼。相反的，在一年中的其他时间里，南极和北极从来不会同时出现黑夜。

# 天气系统



天气是一定区域短时段内的大气状态（如冷暖、风雨、干湿、阴晴等）及其变化的总称。天气系统通常是指引起天气变化和分布的高压、低压和高压脊、低压槽等具有典型特征的大气运动系统。各种天气系统都具有一定的空间尺度和时间尺度，而且各种尺度系统间相互交织、相互作用。

天气系统总是处在不断新生、发展和消亡过程中，在不同发展阶段有其相对应的天气现象分布。因而一个地区的天气和天气变化是同天气系统及其发展阶段相联系的，是大气的动力过程和热力过程的综合结果。天气系统的形成和活动会给地理环境的结构和演变以及人类的生活以深刻影响。因而认识和掌握天气系统的形成、结构、运动变化规律以及同地理环境间的相互关系，对于了解天气、气候的形成、特征、变化具有重要的意义。

## 天气系统的形成

天气是什么？通俗地讲，天气就是阴晴雨雪和风霜雷电的变化。在气象学领域，科学家把天气定义为：一段时间内，某一区域的大气状态及其变化的总称。为了研究需要，科学家还把天气细分为天气现象和天气过程。天气现象是指发生在大气中和地面上的物理现象，如阴、晴、雨、雪等。天气过程则是指从一种天气现象向另一种天气现象的变化过程。

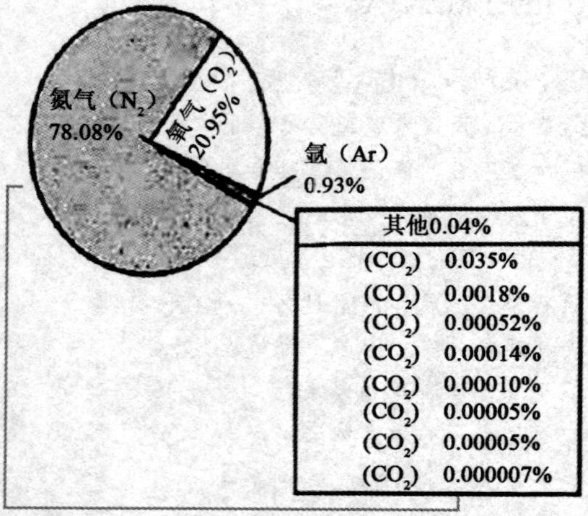


**大气的组成**

实际上，天气现象总是在不断变化着的。尽管前一分钟和这一分钟都是晴天，但是这一分钟的晴天和前一分钟的晴天已经不是同一个晴天了。所以，我们平时谈论天气的时候，往往指的是天气过程。但是天气为什么会不断变化呢？天气变化会给我们的生活带来哪些影响呢？我们有没有办法准确地预测天气变化呢？

### ◎ 大气层的性质

天气和大气是密不可分的。所以要讲清楚天气的问题，我们必须从大气入手。

这里所说的大气，就是大气层。大气层又叫大气圈，它是包围在地球周围的一层很厚的气体。大气层的成分是氮气、氧气、氩气、二氧化碳以及少量的稀有气体和水蒸气。按体积计算，氮气约占78.1%，氧气约占20.9%，氩气约占0.93%，二氧化碳、稀有气体和水蒸气约占0.7%。大气层的厚度在1000千米以上，但没有明显的界限。大气层中空气的密度随着高度的增加而减小，高度越高空气就越稀薄。随着高度的不同，大气层也表现出不同的特点。根据不同高度的大气层表现出的不同特点，科学家把整个大气层分为5层。这5层从下往上分别是对流层、平流层、中间层、暖层和散逸层。我们平时所见到的阴晴雨雪和风霜雷电等大部分天气变化就发生在对流层中。

对流层位于大气层的最底层，它集中了约75%的大气质量和90%以上的水汽质量。它的下界与地表相接，上界高度随地理纬度和季节而变化。在低纬度地区平均高度为17~18千米，在中纬度地区平均为10~12千米，极地平均为8~9千米，并且夏季高于冬季。在对流层中，气温随高度升高而降低，平均每上升100米，气温约降低0.65℃。气温随高度升高而降低是由于对流层大气的主要热源是地面长波辐射，离地面越高，受热越少，气温就越低。但在一定条件下，对流层中也会出现气温随高度增加而上升的现象，称之为“逆温现象”。

由于对流层离地表最近，所以受地表影响也最大。我们知道冷空气要比热空气重得多，所以在对流层中，空气总是从上往下有规则地运动着。这就是对流层中的空气垂直运动。但是气象要素（气温、湿度等）在对流层中的水平分布并不均匀。有的地方气温高一些，有的地方气温低一些，所以在对流层中空气的无规则的乱流混合运动也很强烈。空气有规则的垂直运动和无规则的乱流混合运动就导致了对流层中上下层水汽、尘埃、热量发生交换混合。水汽、尘埃和热量等要素的不断变换，就产生了云、雾、雨、雪等天气的变化。这种变化是怎样产生的呢？这就涉及天气系统了。

## ◎天气系统

天气系统通常是指引起天气变化和分布的高压、低压和高压脊、低压槽等具有典型特征的大气运动系统。

那么，高压和低压是什么呢？高压脊和低压槽又是什么呢？所谓高压，就是“高气压”。它是大气中气压比同高度四周偏高的区域。这种高压在天气图上用规定等高面上的等压线或规定等压面上的等高线来表示，这些等值线把较高的气压值或高度值围在中间。低压与高压相反，它是大气中气压比同高度低的区域。

**趣味点击　验证大气压存在的小实验**

玻璃杯内装满水，用硬纸片盖住玻璃杯口，用手按住，并倒置过来，放手后，整杯水被纸片托住，纸片不掉下来。该实验玻璃杯内装满水，排出了空气，杯内的水对纸片向下的压强小于大气对纸片向上的压强，因而纸片不掉下来。

这里，我们有必要把等压线和等压面的知识向大家介绍一下。所谓等压线就是把在一定时间内气压相等的地点在平面图上连接起来所成的封闭线。而等压面则是压力相等的各点所组成的面，即空间气压相等的各点所组成的面。由于同一高度，各地气压不相等，等压面在空间不是平面，而是像地形一样起伏不平。

三面气压较低而一面气压较高的天气系统，简称脊。高压脊是高压向外伸出的狭长部分，或一组未闭合的等压线向气压较低方突出的部分。在脊中，各等压线弯曲最大处的连线叫脊线。气压沿脊线最高，向两边递减。脊附近的空间等压面，类似山脊。天气图上高压向某个方向伸出去的一部分，略呈“U”形或“n”形的高压区域就叫高压脊。低压槽则与高压脊相反。

各种天气系统都具有一定的空间尺度和时间尺度，而且各种尺度系统间相互交织、相互作用。许多天气系统的组合，构成大范围的天气形势，构成半球甚至全球的大气环流。天气系统总是处在不断新生、发展和消亡过程中，在不同发展阶段有其相对应的天气现象分布。因而，一个地区的天气和天气变化是同天气系统及其发展阶段相联系的，是大气的动力过程和热力过程的综合结果。

各类天气系统都是在一定的大气环流和地理环境中形成、发展和演变着，都反映着一定地区的环境特性。比如，极区及其周围终年覆盖着冰雪，空气严寒、干燥，这一特有的地理环境成为极区低空冷高压和高空极涡、低槽形成和发展的背景条件。赤道和低纬地区终年高温、潮湿，大气处于不稳定状态，是对流性天气系统产生、发展的必要条件。中高纬度是冷、暖气流经常交汇地带，不仅冷暖气团你来我往交替频繁，而且其斜压不稳定，是锋面、气旋系统得以形成、发展的重要基础。天气系统的形成和活动反过来又会给地理环境的结构和演变以深刻影响。

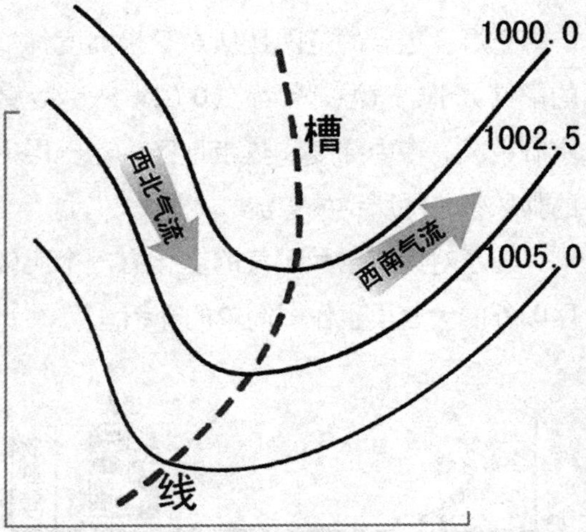


低压槽

## ◎大气层的结构

天气系统的变化大多在对流层内完成。科学家根据气流和天气现象分布的特点又将对流层分为下层、中层和上层。

下层：下层又称扰动层或摩擦层。其范围一般是自地面到 2 千米高度。随季节和昼夜的不同，下层的范围也有一些变动，一般是夏季高于冬季，白天高于夜间。在这层里气流受地面的摩擦作用的影响较大，湍流交换作用特别强盛。通常，随着高度的增加，风速增大，风向偏转。这层受地面热力作用的影响，气温亦有明显的日变化。由于本层的水汽、尘粒含量较多，因而，低云、雾、浮尘等出现频繁。

中层：中层的底界在摩擦层顶，上层高度约为 6 千米。它受地面影响比摩擦层小得多，气流状况基本上可表征整个对流层空气运动的趋势。大气中的云和降水大都产生在这一层内。

上层：上层的范围是从 6 千米高度伸展到对流层的顶部。这一层受地面的影响更小，气温常年都在 0℃以下，水汽含量较少，各种云都由冰晶和过冷水滴组成。在中纬度和热带地区，这一层中常出现风速等于或大于 30 米/秒的强风带，即所谓的急流。

为了对大气层和天气的变化有一个比较全面的认识，我们这里对除对流层以外的大气层也作一简单的介绍。

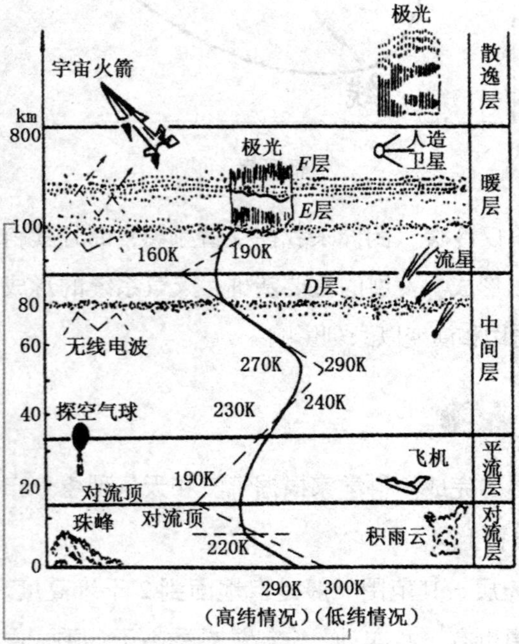


大气层的结构图

平流层：平流层位于对流层之上。在中低维度地区，平流层位于离地表 10 ~ 50 千米的高度，而在极地，此层则始于离地表 8 千米左右。与对流层不同的是平流层上热下冷。平流层之所以与对流层相反，随高度上升气温上升，是因为它的热量主要来自太阳辐射。因为平流层垂直气温分层表现出高温层置上而低温层置下的特点，所以这一层的大气运动较为稳定。正是基于对平流层大气状态相对稳定的认识，商业客机一般都是在离地面 10 千米的高空飞行的。当然，这一层的大气也不是绝对稳定的，飞机在这一层飞行时，有时也会遇到强烈的气流。这大多是因为在对流层发生了对流超越现象。

中间层：中间层在平流层之上，又称中层。它的高度一般为离地面 50 ~ 80 千米之间。中间层的温度和对流层一样，也是随着高度的上升而降低。但是这一层的大气运动并没有对流层那样强烈。这是因为中间层的空气非常稀薄，几乎无法构成运动的主体。由于中间层在飞机能达到的最高高度和太空飞船的最低高度之间，所以人们对这一层大气的认识非常少。科学家风趣地把这一层称为“忽视层”。

基本小知识

### 宇宙射线

宇宙射线指的是来自于宇宙中的一种具有相当大能量的带电粒子流。1912 年，德国科学家韦克多·汉斯带着电离室在乘气球升空测定空气电离度的实验中，发现电离室内的电流随海拔升高而变大，从而认定电流是来自地球以外的一种穿透性极强的射线所产生的，于是有人为之取名为“宇宙射线”。

暖层：中间层以上就是暖层，又称热层。它大约距地球表面 100 ~ 800 千米。暖层最突出的特征是当太阳光照射时，太阳光中的紫外线被该层中的氧原子大量吸收，因此温度升高，故称暖层。暖层的特点是，气温随高度增加而增加，在 300 千米的高度时，气温可达 1000℃以上，像铅、锌、锡、锑、镁、钙、铝、银等金属，在这里也会被熔化掉。暖层中的氮、氧和氧原子气体成分，在强烈的太阳紫外线和宇宙射线作用下，已处于高度电离状态，所以也把暖层称为“电离层”。电离层的存在，对反射无线电波具有重要意义。人们在远方之所以能收到无线电波的短波通讯信号，就是和大气层有此电离层有关。

散逸层：散逸层是大气的最外层，它的上面就是星际空间了，所以这一层又被称外层或外逸层。散逸层的温度很高，空气粒子运动很快，又离地心较远，地球引力作用小，所以这一层的大气质点经常散逸至星际空间，故名为散逸层。散逸层位于地表 800 千米以上，它的空气以电离状态存在，而且非常稀薄，已经接近星际空间了。但是这一层对人类来说也非常重要，因为火箭、卫星和空间站等都在这一区域运行。

# 天气与生活

生活在大自然中的人类，离不开天气，所以也无法逃避天气变化给生产和生活带来的影响。我们可以说，人们的生产和生活活动无时无刻不受天气的影响。雨雪天气影响人们的出行，风调雨顺保证了农业生产的丰收。这些都是大家非常熟悉，而且有过深切感受的事实。但是天气对生活的影响远远不止这些。天气不但影响人们的生产和生活，也影响着人们的身心健康。

## ◎天气与生理健康

近几十年来，许多国家都在研究天气与人类健康的关系。天气与人类健康有什么关系呢？最明显的例子就是天气的转变常会引起人们自我感觉的异样，例如人们感觉到“骨头痛”“困倦”“烦躁”时，常常预示着要变天了。患有关节炎的病人，一到阴天下雨的时候，就能提前预知，所以人们风趣地把患有关节炎的人称为“小气象台”。

天气对人体的影响不仅是一些感觉上的不适，它还会使一些慢性病复发和加重，这与气象条件影响人体植物神经和内分泌系统的功能有关。冬季易发溃疡病，天气剧烈变化时关节炎、陈旧性骨折和软组织损伤的疼痛加剧，寒流侵袭时冠心病、气管炎、青光眼病症加重，天气骤变导致年老体弱的人死亡。

气象条件与疾病的关系可以是直接的，也可以是间接的。气象要素作为发病的直接原因，如冻伤和中暑，冬天雪地将大量紫外线反射，照射人的视网膜致人雪盲。间接原因，则是作为一个非特异刺激促进疾病复发表明，气象因素可影响人体的抵抗力，因而许多疾病具有明显的季节性，与天气的周期或非周期变化有密切的关系：乙脑多发于夏、秋，麻疹、流脑、猩红热流行于冬春，其他一些疾病的发生也有一定的好发季节。医学家经过研究发现了维持身体健康的许多元素都和天气有关，例如血色素在夏季低，冬季高；白细胞在冬季高，12 月份最高；血小板 3 ~ 4 月份高，8 月份低，等等。

## ◎天气与心理健康

天气条件及其变化不仅影响人的生理健康，而且对人的心理情绪方面的影响也非常明显。有利的天气条件，可使人们情绪高涨、心情舒畅、生活质量和工作效率提高；而不利的天气条件，则使人情绪低落、心胸憋闷、懒惰无力，甚至会导致精神病态和行为异常。研究表明，高温、高湿、阴雨以及一些异常天气事件，都不利于人的心理健康。

### 知识小链接

**情绪的组成**

1. 情绪涉及身体的变化，这些变化是情绪的表达形式。2. 情绪是行动的准备阶段，这跟实际行为相联系。3. 情绪涉及有意识的体验。4. 情绪包含了认知的成分，涉及对外界事物的评价。

世界卫生组织的一份资料表明，1982 ~ 1983 年的厄尔尼诺现象，使得全球大约 10 万人患上了抑郁症，精神病的发病率上升了 8%，交通事故也至少增加了 5000 次以上。究其原因，是“厄尔尼诺”这种异常气象变化，引起全球范围的气候异常和天气灾难，超越了一部分人的心理承受能力，从而发生坐卧不安、精神迟钝等症状，意志薄弱者还会发出歇斯底里的哭叫声。一般来说，低温环境有利于形成较佳的心理状态，而高温或在温度回升时，人的精神状态则容易产生波动和异常。精神专家研究发现，当气温较高或有暖流入侵时，精神病人起床徘徊、无法入睡、叫喊骂人、摔打东西的情况显著增加，正常人也会有程度不同的情绪变化。由于高温不利于人的心理健康，所

阴沉的天气给人以压抑和沉闷的感觉

以高温环境下的犯罪率也相对较高。1996 年奥运会前夕，美国警方曾委派专家做过细致研究，发现亚特兰大的日犯罪总数，是随气温的升高而递增的，其中最热的 6、7 月份，犯罪率最高，偏偏奥运会在这一时段举行；为了减轻人们的恐惧感，奥运会组委会的负责人，一度谎称亚特兰大夏季气温不超过 30℃。

其实，中国古代劳动人民也发现了天气和心理健康之间的联系。古人说“天昏昏令人郁郁”。这句话的意思就是在阴雨连绵的季节，人们的精神较懒散，心情也不畅快。这是为什么呢？中国的医疗气象工作者通过深入研究发现，阴雨天气之所以影响人的心理健康，主要是因为阴雨天气下光线较弱，人体分泌的松果激素较多，这样，甲状腺素、肾上腺素的分泌浓度就相对降低，人体神经细胞也就因此“偷懒”，变得不怎么“活跃”，人也就会变得无精打采。

## ◎健康天气预报

鉴于天气条件与健康的密切关系，用气象观测资料结合疾病特征，发布“健康天气预报”，既有利于提醒患者采取积极的预防措施，又有利于医务人员有针对性地做好防治疾病的准备。所以，德国、日本、俄罗斯、美国等国家的气象部门已经与医疗部门合作，通过电台、电视台、网络发布“医学气象预报”，让人们提前做好防病准备。中国的一些报刊、电台、电视台、网络也开始了不定期地结合季节性变化介绍有关季节性疾病防治的小常识，这对人们预防气象环境疾病起到了很好的作用。

# 天气预报的产生和发展

天气对人类的生产、生活和身心健康的影响如此之大，所以人们对它的探索和研究也一直没有停止过。天气预报就是其中最伟大的成就。说起天气预报，我们还是先说说古人预报天气的方法吧。

## ◎天气谚语

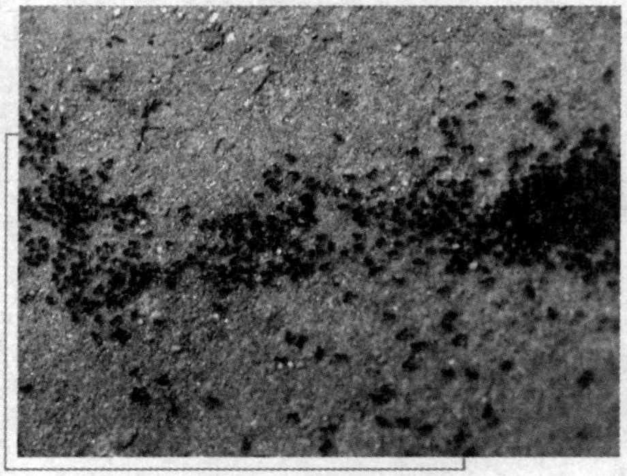

蚂蚁搬家预示着要下雨了

我们的祖先在与大自然的斗争中对天气的变化进行观测并积累了丰富的经验。早在3000多年以前的殷墟甲骨文中就有许多关于气象的记述。春秋战国时期荀子在《天论》中指出“天行有常”。这句话的意思就是说天气气候的变化是有客观规律的。荀子还提出要“制天命而用之”，这就是说人要认识、利用和改造天气和气候。

最能说明古代劳动人民对天气认识的就是天气谚语了。东汉时王充在《论衡·变动篇》中说：“故天且雨，蝼蚁徙，蚯蚓出，琴弦缓，痼疾发。”这句话的意思是天要下雨就会有蚂蚁搬家，蚯蚓出洞，琴弦变松，人体的一些老毛病复发等现象出现。北魏贾思勰在《齐民要术》中也叙述有天气谚语“天气新晴，是

**广角镜**

**《齐民要术》的地位与价值**

《齐民要术》是世界农学史上最早的专著之一，是中国现存的最完整的农书。该书系统地总结了6世纪以前黄河中下游地区农牧业生产经验、食品的加工与贮藏、野生植物的利用等，对中国古代农学的发展产生重大影响。

夜必霜”等。时至今日，关于天气的谚语有多少已经无办法查证了。又由于中国地域辽阔，各地天气气候有所差异，因此各地的天气谚语也有所不同。而且天气谚语内容丰富，大多时候都能准确地预报当地的天气。

北起黑龙江，南至南海诸岛，东起东海，西至新疆、西藏，到处都有天气谚语。例如黑龙江有“初冬寒，春雨多”，南海的西沙群岛有不少关于台风的天气谚语，如“古龙晒太阳，不久台风狂”。东海同样有很多关于长、中、短期天气变化的谚语，如舟山群岛的“上灯遇风暴，稻花风吹落”。这句谚语的意思是说，正月十三（上灯）到十八（落灯）如果遇上偏北大风，则预示着6、7月早稻扬花或收割的时候会有台风影响。新疆、西藏也都有不少天气谚语，如新疆南部的“冬雪大，来年春暖多风沙”，西藏的“春天风沙大，夏天雨水少”等等。

## ◎天气预报是怎样产生的

虽然人类在很早以前就注意到了天气变化的一些特点和规律，但是现代意义上的天气预报的发展却比较晚。天气预报是怎样诞生的呢？这要从一场战争说起。

1853～1856年，为争夺巴尔干半岛，沙皇俄国同英法两国爆发了克里木战争。正是这次战争，导致了天气预报的出现。这是一场规模巨大的海战，1854年11月14日，当双方在欧洲的黑海展开激战时，风暴突然降临，最大风速超过每秒30米，海上掀起了万丈狂澜，使英法舰队险些全军覆没。事后，英法联军仍然心有余悸，法军作战部要求法

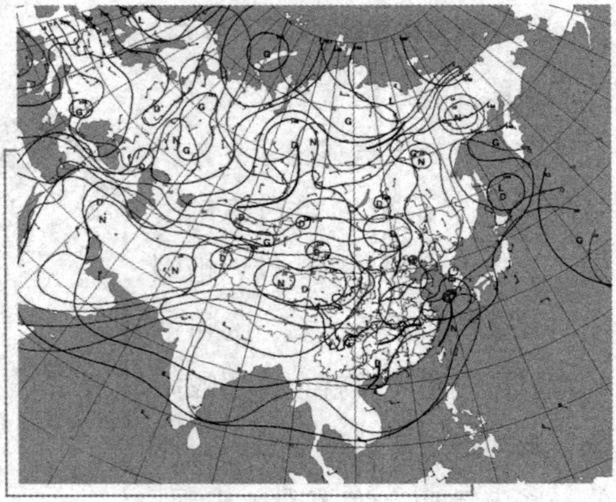

亚洲天气图

国巴黎天文台台长勒佛里埃仔细研究这次风暴的来龙去脉。那时还没有电话，勒佛里埃只有写信给各国的天文、气象工作者，向他们收集 1854 年 11 月 12～16 日五天内当地的天气情报。他一共收到 250 封回信。勒佛里埃根据这些资料，经过认真分析、推理和判断，查明黑海风暴来自茫茫的大西洋，自西向东横扫欧洲，出事前两天，即 11 月 12 日和 13 日，欧洲西部的西班牙和法国已先后受到它的影响。勒佛里埃望着天空飘忽不定的云层，陷入了沉思："这次风暴从表面上看来得突然，实际上它有一个发展移动的过程。电报已经发明了，如果在欧洲大西洋沿岸一带设有气象站，及时把风暴的情况电告英法舰队，不就可以避免惨重的损失吗？"

于是，1855 年 3 月 16 日，勒佛里埃在法国科学院作报告说，假如组织气象站网，用电报迅速把观测资料集中到一个地方，分析绘制成天气图，就有可能推断出未来风暴的运行路径。勒佛里埃的独特设想，在法国乃至世界各地引起了强烈反响。人们深刻认识到，准确预测天气，不仅有利于行军作战，而且对工农业生产和日常生活都有极大的好处。由于社会上各方面的需要，在勒佛里埃的积极推动下，1856 年，法国成立了世界上第一个正规的天气预报服务系统。



## ◎ 天气预报的发展

那么，什么叫天气预报呢？天气预报就是应用大气变化的规律，根据当前及近期的天气形势，对未来一定时期内的天气状况进行预测。它是根据对卫星云图和天气图的分析，结合有关气象资料、地形和季节特点、群众经验等综合研究后作出的。如中国中央气象台的

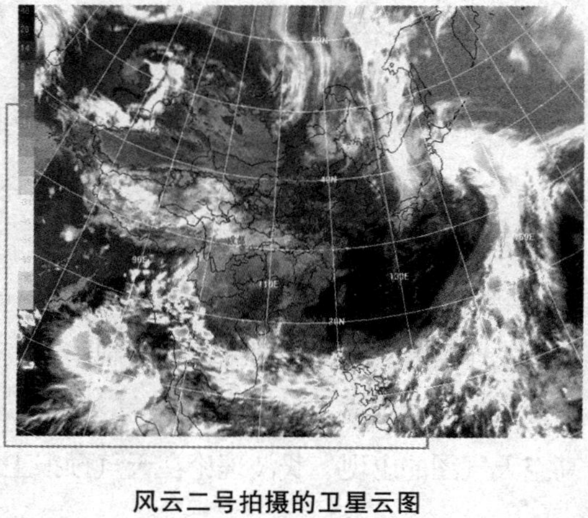

风云二号拍摄的卫星云图

卫星云图，就是从风云一号气象卫星摄取的。利用卫星云图照片进行分析，能提高天气预报的准确率。天气预报就时效的长短通常分为 3 种：短期天气预报（2～3 天）、中期天气预报（4～9 天）、长期天气预报（10～15 天以上）。中国中央电视台每天播放的主要是短期天气预报。

天气预报的主要内容是一个地区或城市未来一段时期内的阴晴雨雪、最高最低气温、风向和风力及特殊的灾害性天气。就中国而言，气象台准确预报寒潮、台风、暴雨等自然灾害出现的位置和强度，就可以直接为工农业生产和群众生活服务。随着生产力的发展和科学技术的进步，人类活动范围空前扩大，对大自然的影响也越来越大，因而天气预报就成为现代社会不可缺少的重要信息。

**拓展阅读**

**巴黎天文台的成就**

巴黎天文台于 1667 年开始建立的，1671 年完工，首任台长是法国著名天文学家卡西尼，他曾在这里发现了土星的四个卫星、卡西尼环缝、木星的较差自转、大红斑，解释了黄道光的成因。1679 年，巴黎天文台出版了世界上第一部天文年历。1863 年，天文台出版了第一份现代意义上的气象图。

天气预报的发展可分为 3 个阶段：

第一个阶段是单站预报。17 世纪以前人们通过观测天象、物象的变化，编成天气谚语，据以预测当地未来的天气。17 世纪以后，温度表和气压表等气象观测仪器相继出现，地面气象站陆续建立，这时主要根据单站气压、气温、风、云等要素的变化来预报天气。这还不是真正意义上的天气预报，只能说是现代天气预报的雏形。

第二个阶段是天气图预报。1851 年，英国首先通过电报传送观测资料，绘制成地面天气图，并根据天气图制作天气预报。20 世纪 20 年代开始，气团学说和极锋理论先后被应用在天气预报中。30 年代，无线电探空仪的发明、高空天气图的出现、长波理论在天气预报上的广泛应用，使天气演变的分析，从二维发展到了三维。40 年代后期，天气雷达的运用，为降水以及台风、暴雨、强风暴等灾害性天气的预报，提供了有效的工具。

第三个阶段是数值天气预报。20 世纪 50 年代以来，动力气象学原理、数学物理方法、统计学方法等，广泛应用于天气预报。用高速电子计算机求解简化了的大气流体力学和热力学方程组，可及时作出天气预报。尤其是 60 年代发射气象卫星以来，卫星的探测资料弥补了海洋、沙漠、极地和高原等地区气象资料不足的缺陷，使天气预报的水平显著提高。

## 气象卫星

说起天气预报，就不能不说气象卫星。第一颗气象卫星是由美国在 1960 年发射升空的。自第一颗气象卫星升空后，近 50 年来，气象卫星在轨道、星体、观测仪器、资料通信方式等许多方面，与首次飞行的卫星相比，已经没有什么相似之处。气象卫星的应用领域也在迅速扩展。现在，不仅气象工作者已经无法离开气象卫星来制作天气预报，林业、农业、防灾救灾等国民经济的许多部门，也依靠气象卫星进行监测、评估。气象卫星正在为国民经济的许多部门提供越来越多的服务。

### ◎气象卫星的发展

1960 年 4 月 1 日，美国发射了第一颗气象卫星。气象卫星成功地获取了包括人迹罕至的高山、沙漠、海洋在内广大地区的大范围云图。云图上的云分布所揭示的天气系统，如温带气旋和台风，与用场地观测资料分析和推断的天气系统模式是如此吻合，使气象工作者大受鼓舞。它吸引了遥感、无线电、通信、计算机等许多专业领域的科学家投身于气象卫星这个事业，也使许多国家的政府竞相投资发展气象卫星。气象卫星在近 50 年内取得了长足的发展。

基本小知识

### 遥　感

遥感是指非接触的，远距离的探测技术。一般指运用传感器/遥感器对物体的电磁波的辐射、反射特性的探测，并根据其特性对物体的性质、特征和状态进行分析的理论、方法和应用的科学技术。

第一代气象卫星观测到的数据暂时存储在星载磁带机上，当卫星通过地面中心站时，由中心站指令磁带机回放，将数据发送给中心站。显然，这种工作方式在观测时效上不可能满足气象业务的需求。

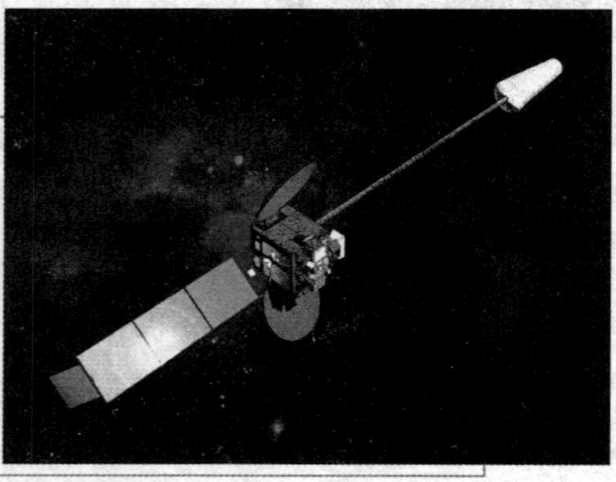

气象卫星

第二代极轨气象卫星安装了自动图片发送系统。卫星边观测边向地面发送观测数据。地面上任何地点的接收站，只要有卫星通过，就可以接收到当时从卫星发送的云图。这种云图在实时天气预报业务中发挥了十分重要的作用。

第二代极轨气象卫星所发送的云图是模拟资料。在模拟资料中，信号强度与卫星所感应到的辐射能量的强度虽然趋势是一致的，但并不是一一对应的。尤其是由于资料在向地面发送的过程中混入了噪音，不可能根据地面接收到的云图信号，求出卫星上探测器所感应到的辐射量。所以这种资料只适合于定性应用，而不能满足定量研究的需要。

第三代极轨气象卫星在这方面做了重大改进。在探测器将所感应到的辐射能转变为电信号以后，立即在卫星上将电信号量化成数字。卫星向地面发送观测数据，而不是模拟信号。因为数字信号在传递的过程中有很强的抗干扰能力，从而在地面可以将卫星探测器所感应到的辐射量反推出来。

基本小知识

### 模拟信号

模拟信号是指用连续变化的物理量表示的信息，其信号的幅度，或频率、或相位随时间作连续变化，如目前广播的声音信号，或图像信号等。

数字资料的出现给气象卫星的应用带来了质的变化。我们知道辐射在介质的传递过程中，与介质会发生相互作用。这种相互作用使辐射中留下了介质物理和化学性质的烙印。对辐射定量观测的实现，使我们有可能据此反推在辐射路径上与辐射发生过相互作用的介质的属性。于是一系列的应用成果出现了。



## ◎气象卫星的应用

根据气象卫星所观测到的数字资料所制作的大量业务产品，如林火监测、洪水范围、冰雪覆盖、洋面温度、渔场位置、河口泥沙沉积等，在国民经济的许多部门得到了广泛的应用。

例如，气象卫星上设有一个热红外通道。这个通道的观测数据对地表温度的增加非常敏感。利用这个通道的辐射测值，可以探知地面上的着火区。中国1987年5～6月东北大兴安岭所发生的特大森林火灾，就是利用这种技术进行监测的。

我国气象卫星监测到的黑龙江森林大火

气象卫星近红外太阳反射光通道的光谱受地面上植物叶子的反射特别强，而在水体上反射特别弱。利用这个通道的辐射测值数据可以推算地面上植物的长势，并估计地面上水体的范围。用植物长势指数可以进一步估计农作物的产量。这种资料备受农业管理部门和农产品贸易部门的重视。水体范围的监测在发生洪水的时候是估计灾害程度客观有效的手段。1991 年中国江淮地区发生了严重的洪涝灾害。用中国风云一号气象卫星计算出的淮河流域各县洪水淹没面积百分率数据成为开展救灾工作的重要依据。

用气象卫星资料还可以用来分析海冰的范围和洋面的温度。这些产品不仅对海上航行和海上石油钻井平台的安全作业有重要意义，还可以用来指导渔业生产。在洋面上温度差别特别大的地方，鱼群特别多。到那些地方去捕鱼，收获量大。

气象卫星有如此巨大的社会经济效益，许多国家竞相发展气象卫星。自从第一颗气象卫星升空后 50 多年来，世界上一些国家和组织先后发射了 200 多颗气象卫星，形成了由极轨气象卫星和地球静止气象卫星组成的全球卫星观测系统。由于它具有探测资料多、范围广、时效快，直观性强，不受时空和自然条件的限制等特点，它的探测资料已广泛应用于地球环境监视、军事安全、多种学科（如气象学、海洋学、水文学、农学、环境科学）的研究，特别是在减灾防灾和保障人民生命财产安全等方面发挥了重要作用。

### 知识小链接

**水文学**

水文学是地球物理学和自然地理学的分支学科。研究存在于大气层中、地球表面和地壳内部各种形态水在水量和水质上的运动、变化、分布，以及与环境及人类活动之间相互的联系和作用。

## ◎中国气象卫星

中国气象卫星的发展一直受到党和国家领导人的重视和支持。早在 1969

年，周恩来总理就提出，要发展中国自己的气象卫星。经过多年艰苦的努力，中国第一颗和第二颗极轨气象卫星风云一号 A 和 B 分别于 1988 年和 1990 年发射成功。风云一号 A 气象卫星获取了高质量的可见光云图，经过改进的风云一号 B 红外云图也获得成功。1997 年 6 月，中国第一颗静止气象卫星风云二号发射成功，获取了可见光、红外、水汽三种图像。其中特别是红外和水汽图像在观测动态范围、图像的层次、清晰度诸多方面都达到了很高的水平。

风云三号气象卫星升空图

2008 年 5 月 27 日，我国首颗新一代极轨气象卫星风云三号在太原卫星发射中心成功发射。风云三号安装有可见光红外扫描辐射仪、红外分光计、微波温度计、微波成像仪等十余种具有国际先进水平的探测仪器，探测性能比仅有可见光一种手段的第一代极轨气象卫星风云一号有质的提高，可在全球范围内实施三维、全天候、多光谱、定量探测，获取地表、海洋及空间环境等参数，实现中期数值预报。

世界气象组织已将风云三号纳入新一代世界极轨气象卫星网，卫星的观测数据不仅在国内实现共享，也将为世界各国气象观测服务。风云三号卫星将在监测大范围自然灾害和生态环境，研究全球环境变化、气候变化规律和减灾防灾等方面发挥重要作用。同时，也可为航空、航海等部门提供全球气象信息。

风云三号代表了当前世界上气象卫星发展的最高水平。在观测动态范围、图像的层次、清晰度诸多方面都达到了很高的水平。

## 气团和锋

在前几节里，我们已经介绍了天气系统的形成、天气与生活的关系以及天气预报等方面的知识。从这一节开始，我们将详细地介绍和天气相关的一些概念以及具体的天气现象，如气团、锋、锋面、风、降水等。

### ◎什么是气团

气团是指在水平方向上温度、湿度、铅直稳定度等物理属性比较均匀的大块空气团。气团的水平范围由数千米到数千千米，垂直范围由数千米到十余千米甚至伸展到对流层顶。那么，气团是怎样形成的呢？气团形成需要具备两个条件：

**拓展阅读**

**西伯利亚高压**

西伯利亚高压是在亚洲大陆上的一个冬季出现、夏季消失的季节性大气活动中心。中心位置在西伯利亚到蒙古一带，故又称蒙古高压或亚洲高压。在其控制下的天气寒冷干燥，它南侵时便形成寒潮，对中国影响很大。

一是要有大范围性质比较均匀的下垫面。如辽阔的海洋、无垠的大沙漠、冰雪覆盖的大陆和极区等都可成为气团形成的源地。下垫面向空气提供相同的热量和水汽，使其物理性质比较均匀，因而下垫面的性质决定着气团属性。在冰雪覆盖的地区往往形成冷而干的气团；在水汽充沛的热带海洋上常常形成暖而湿的气团。

二是必须有使大范围空气能较长时间停留在均匀的下垫面上的环流条件，以使空气能有充分时间和下垫面交换热量和水汽，取得和下垫面相近的物理特性。例如，亚洲北部西伯利亚和蒙古等地区，冬季经常为移动缓慢的高压所盘踞，那里的空气从高压中心向四周流散，使空气性质渐趋一致，形成干、冷的气团，成为中国冷空气的源地。又如中国东南部的广大海洋上，比较稳定的太平洋副热带高压，是形成暖湿热带海洋气团的源地。较长时间静稳无风的地区，如赤道无风带或热低压区域，风力微弱，大块空气也能长期停留，就能形成高温高湿的赤道气团。

在上述条件下，通过诸如辐射、乱流和对流、蒸发和凝结以及大范围的垂直运动等物理条件，才能将下垫面的热量和水分输送给空气，使空气获得与下垫面性质相适应的比较均匀的物理性质，形成气团。这些过程有的是发生于大气与下垫面之间的，有的是发生于大气内部。



## ◎ 气团的变性

气团在源地形成后，要离开它的源地移到新的地区，随着下垫面性质以及大范围空气的垂直运动等情况的改变，它的性质也将发生相应的改变。例如，气团向南移动到较暖的地区时，会逐渐变暖；而向北移动到较冷的地区时，会逐渐变冷。气团在移动过程中性质的变化，称为气团的变性。

不同气团，其变性的快慢是不同的，即使是同一气团，其变性的快慢还和它所经下垫面性质与气团性质差异的大小有关。一般说来，冷气团移到暖的地区变性较快。在这种情况下，冷气团低层变暖，趋于不稳定，乱流、对流容易发展，能很快地将低层的热量传到上层。相反，暖气团移到冷的地区则变冷较慢，因为低层变冷趋于稳定，乱流和对流不易发展，其冷却过程主要靠辐射作用进行。从大陆移入海洋的气团容易取得蒸发的水汽而变湿，而从海洋移到大陆的气团，则要通过凝结及降水过程才能变干，所以气团的变干过程比较缓慢。所以，我们可以这样认为：冬季影响中国的冷空气，都已不是原来的西伯利亚大陆气团，而是变性了的大陆气团。

气团在下垫面性质比较均匀的地区形成，又因离开源地而变性。气团总是在或快或慢地运动着，它的性质也总是在或多或少地变化着，气团的变性是绝对的，而气团的形成只是在一定条件下获得了相对稳定的性质而已。由于中国大部分地区处于中纬度，冷暖空气交绥频繁，缺少气团形成的环流条件，同时地表性质复杂，很少有大范围均匀的下垫面作为气团的源地，因而活动在中国境内的气团，严格说来都是从其他地区移来的变性气团。

## ◎气团的分类方法

为了分析气团的特征、分布移动规律，气象学家常常对地球上的气团进行分类。分类的方法大多采用热力分类法和地理分类法两种。

**热力分类法**

气团按其热力特性可分为冷气团和暖气团两大类。凡是气团温度低于流经地区下垫面温度的，叫冷气团；相反，凡是气团温度高于流经地区下垫面温度的，叫暖气团。这里所谓冷、暖均是比较而言，至于温度低到多少度才是冷气团，温度高到多少度才是暖气团，则没有绝对的数量界限。一般形成在冷源地的气团是冷气团，形成在暖源地的气团是暖气团。

**地理分类法**

根据气团形成源地的地理位置，对气团进行分类，称为气团的地理分类。按这种分类法气团分成北极气团、温带气团、热带气团、赤道气团 4 大类。由于源地地表性质不同，又将每种气团（赤道气团除外）分为海洋性和大陆性两种。这样，总共分为 7 种气团。

## ◎什么是锋

两个性质不同的气团相遇时，它们中间就有一个过渡区域，当这个过渡区域相当狭小时，就叫做“锋”。锋是冷暖气团之间的狭窄、倾斜过渡地带。因为不同气团之间的温度和湿度有相当大的差别，而且这种差别可以扩展到整个对流层。当性质不同的两个气团，在移动过程中相遇时，它们之间就会出现一个交界面，叫做锋面。锋面与地面相交而成的线，叫做锋线。一般把锋面和锋线统称为锋。所谓锋，也可理解为两种不同性质的气团的交锋。由于锋两侧的气团性质上有很大差异，所以锋附近的空气运动十分活跃。空气在锋中有强烈的升降运动，气流极不稳定，常造成剧烈的天气变化。因此，锋是重要的天气系统之一。

锋是三维空间的天气系统。它并不是一个几何面，而是一个不太规则的倾斜面。它的下面是冷空气，上面是暖空气。由于冷空气比暖空气重，因而，它们的交接地带就是一个倾斜的交接地区。这个交接地区靠近暖气团一侧的界面叫锋的上界，靠近冷气团一侧的界面叫锋的下界。上界和下界的水平距离称为锋的宽度。它在近地面层中宽约数十千米，在高层可达200~400千米。而这个宽度与其水平长度相比（长达数百至数千千米）是很小的。因此，人们常把它近似地看成一个面，称为锋面。

**你知道吗**

**什么是三维空间**

“维”这里表示方向。由一个方向确立的直线模式是一维空间，一维空间具有单向性。由两个方向确立的平面模式是二维空间，二维空间具有双向性。同理，三维空间呈立体性，具有三向性。



## ◎锋的特点

经过长期的观察和研究，气象学家发现锋有以下几个特点：

（1）锋面有坡度：锋面在空间向冷区倾斜，具有一定坡度。锋在空间呈倾斜状态是锋的一个重要特征。锋面坡度的形成和保持是地球偏转力作用的结果。但是一般锋面的坡度都很小。由于锋面坡度很小，锋面所遮掩的地区必然很大。如坡度为1%，锋线长为1000千米、高为10千米的锋，其掩盖的面积可达100万平方千米；由于有坡度，可使暖空气沿倾斜面上升，为云雨天气的形成提供有利条件。

（2）气象要素有突变：气团内部的温、湿、压等气象要素的差异很小，而锋两侧的气象要素的差异很大。

① 温度：气团内部的气温水平分布比较均匀，通常在100千米内的气温差为1℃，最多不超过2℃。而锋附近区域内，在水平方向上的温度差异非常明显，100千米的水平距离内可相差近10℃，比气团内部的温度差异大5～10倍。在垂直方向上，气团中温度垂直分布是随高度递减的，然而锋区附近，由于下部是冷气团，上部是暖气团，锋面上下温度差异比较大。

② 气压场：锋面两侧是密度不同的冷、暖气团，因而锋区的气压变化比气团内部的气压变化要大得多。锋附近区域气压的分布不均匀，锋处于气压槽中，等压线通过锋面有指向高压的折角，或锋处于两个高压之间气压相对较低的地区，等压线几乎与锋面平行。

③ 锋附近的风：风在锋面两侧有明显的逆向转变，即由锋后到锋前，风向呈逆时针方向变化。

（3）锋面附近天气变化剧烈：由于锋面有坡度，冷暖空气交绥，暖空气可沿坡上升或被迫抬升，且暖空气中含有较多的水汽，因而，空气绝热上升，水汽凝结，易形成云雨天气。由于锋面是各种气象要素水平差异较大地区，能量集中，天气变化剧烈。所以，锋是天气变化剧烈的地带。

## ◎锋的分类方法

根据锋面两侧冷暖气团的移动方向及结构状况，气象学家把锋分为下列4种：

（1）冷锋：冷气团向暖气团方向移动的锋。暖气团被迫而上滑，锋面坡度较大。冷暖两方中，冷气团占主导的地位。

（2）暖锋：是暖气团向冷气团方向移动的锋。暖气团沿冷气团向上滑升，锋面坡度较小，冷暖两方中，暖空气占据主导地位。

（3）准静止锋：是冷暖气团势力相当，使锋面呈来回摆动，这种锋的移动速度很小，可近似看作静止。

（4）锢囚锋：是冷锋追上暖锋，将地面空气挤至空中，地面完全为冷空气所占据，造成冷锋后面冷空气与暖锋前部的冷空气相接触的锋面。如果前面的冷气团比较暖湿，后面的冷气团比较寒干，则后面的冷气团就楔入前面冷气团的底部，形成冷锋式锢囚锋；如果后面的冷空气不如前面的冷空气那样冷而干，则后面相对暖的冷气团会滑行于前面冷气团之上，形成暖式锢囚锋。

在冷式锢囚情况下，暖锋脱离地面，成为高空暖锋，位在锢囚锋之后面；在暖式锢囚情况下，冷锋离开地面，成为高空冷锋，位在锢囚锋的前面。

## ◎不同的锋带来的不同天气

锋给我们带来的影响主要是天气的变化。锋面天气是指锋附近的云、降水、风等气象要素的分布情况。不同类型的锋有不同的天气状况。下面我们就讲一讲不同类型的锋会带来什么样的天气。

### 冷锋天气

冷锋又分为两类：移动慢的叫第一型冷锋或缓行冷锋，移动快的叫第二型冷锋或急行冷锋。

第一型冷锋的锋面处于高空槽线前部，多稳定性天气。这种锋移动缓慢，锋面坡度不大（约1%），锋后冷空气迫使暖空气沿锋面平稳地上升，当暖空气比较稳定，水汽比较充沛时，会形成与暖锋相似的范围比较广阔的层状云系。只是云系出现在锋线后面，而且云系的分布次序与暖锋云系相反。降水性质与暖锋相似，在锋线附近降水区内还常有层积云、碎雨云形成。降水区出现在锋后，

| 类型 | 冷锋 | 暖锋 |
| --- | --- | --- |
| 气团运动 | 冷气团主动移向暖气团 | 暖气团主动移向冷气团 |
| 锋面图示 |  |  |
| 锋面符号 |  |  |
| 过境时天气 | 阴天、刮风、下雨、降温 | 多为连续性降水 |
| 过境后天气 | 温度湿度下降，气压升高，天气转晴 | 气湿湿度上升，气压下降，天气转晴 |
| 降水时间 | 时间短，强度大 | 时间长，强度小 |
| 降水位置 | 主要在锋后 | 锋前 |

冷锋和暖锋及其天气

多为稳定性降水。如果锋前暖空气不稳定时，在地面锋线附近也常出现积雨云和雷阵雨天气。夏季，在中国西北、华北等地以及冬季在中国南方地区出现的冷锋天气多属这一类型。

第二型冷锋天气模式是一种移动快、坡度大（1/80～1/40）的冷锋。锋后冷空气移动速度远较暖气团为快，它冲击暖气团并迫使产生强烈上升。而在高层，因暖气团移速大于冷空气，出现暖空气沿锋面下滑现象，由于这种锋面处于高空槽后或槽线附近，更加强了锋线附近的上升运动和高空锋区上的下沉运动。夏季，在这种冷锋的地面锋线附近，一般会产生强烈发展的积雨云，出现雷暴甚至冰雹、飑线等对流性不稳定天气。而高层锋面上，则往往没有云形成。所以第二型冷锋云系呈现出沿着锋线排列的狭长的积状云带，好似一道宽度约有 10 千米，高达 10 多千米的云堤。在地面锋线前方也常常出现高层云、高积云、积云。这种冷锋过境时，往往乌云翻滚，狂风大作，电闪雷鸣，大雨倾盆，气象要素发生剧变。这种天气历时短暂，锋线过后，天空豁然晴朗。在冬季，由于暖气团湿度较小，气温不可能发展成强烈不稳定天气，只在锋线前方出现卷云、卷层云、高层云、雨层云等云系。当水汽充足时，地面锋线附近可能有很厚、很低的云层和宽度不大的连续性降水。地面锋过境后，云层很快消失，风速增大，并常出现大风。在干旱的季节，空气湿度小，地面干燥、裸露，还会有沙尘暴天气。这种冷锋天气多出现在中国北方的冬、春季节。

冷锋在我国活动范围甚广，几乎遍及全国，尤其在冬半年，北方地区更为常见，它是影响我国天气的最重要的天气系统之一。冬季我国大陆上空气干燥，冷锋大多从俄罗斯、蒙古进入我国北方地区，然后南下。从西伯利亚带来的冷空气与当地较暖的空气相遇，在锋面上很少形成降水。所以，冬季寒潮冷锋过境时，只形成大风降温天气。冬季时多二型冷锋，影响范围可达华南，但移到长江流域和华南地区后，常常转变为一型冷锋或准静止锋。夏季时多一型冷锋，影响范围较小，一般只达黄河流域，我国北方夏季雷阵雨天气和冷锋活动有很大的关系。

**暖锋天气**

暖锋的坡度很小，约为1/150。由于暖空气一般都含有比较多的水汽，且又是起主导作用，主动上升前进，在冷气团之上慢慢地向上滑升可以达到很高的高度，暖空气在上升过程中绝热冷却，达到凝结高度后，在锋面上便产生云系。如果暖空气滑升的高度足够高，水汽又比较充沛时，暖锋上常常出现广阔的、系统的层状云系。云系序列为：卷云、卷层云、高层云、雨层云。云层的厚度视暖空气上升的高度而异，一般情况下可达几千米，厚者可达对流层顶，而且愈接近地面，锋线云层愈厚。暖锋降水主要发生在雨层云内，是连续性降水，降水宽度随锋面坡度大小而有变化，一般为300～400千米。暖锋云系有时因为空气湿度和垂直速度分布不均匀而造成不连续，可能出现几十千米，甚至几百千米的无云空隙。

在暖锋锋下的冷气团中，由于空气比较潮湿，在气流辐合作用和湍流作用下，常产生层积云和积云。如果从锋上暖空气中降下的雨滴在冷气团内发生蒸发，使冷气团中水汽含量增多，达到饱和时，会产生碎积云和碎层云。如果这种饱和凝结现象出现在锋线附近的地面层时，将形成锋面雾。以上是暖锋天气的一般情况，但是在夏季暖空气不稳定时，也可能出现积雨云、雷雨等阵性降水。在春季暖气团中水汽含量很少时，则仅仅出现一些高云，很少有降水。

**你知道吗**

**我国南北方的分界线在哪里**

秦岭—淮河一线是我国南方与北方的分界线。此线全长1700千米，其南北两侧，无论在气候、水文、土壤、植被，以及农业生产、风俗习惯等方面，都有明显的差异。

明显的暖锋在中国出现得较少，大多伴随着气旋出现。春秋季一般出现在江淮流域和东北地区，夏季多出现在黄河流域。

**准静止锋天气**

准静止锋两侧冷暖气团往往形成“对峙”状态，暖气团前进，为冷气团所阻，暖气团被迫沿锋面上滑，情况与暖锋类似，出现的云系与暖锋云系大致相同。由于准静止锋的坡度比暖锋还小，沿锋面上滑的暖空气可以伸展到距离锋线很远的地方，所以云区和降水区比暖锋更为宽广。但是降水强度小，持续时间长，可能造成“霪雨霏霏、连日不开”的连阴雨天气。

准静止锋天气一般分为两类：一类是云系发展在锋上，有明显的降水。例如，中国华南准静止锋，大多是由于冷锋减弱演变而成，天气和第一型冷锋相似，只是锋面坡度更小，云区、降水区更为宽广，其降水区并不限于锋线地区，可延伸到锋面后很大的范围内，降水强度比较小，为连续性降水。由于准静止锋移动缓慢，并常常来回摆动，使阴雨天气持续时间长达十天至半个月，甚至一个月以上，“清明时节雨纷纷”就是江南地区这种天气的写照。这种阴雨天气，直至该准静止锋转为冷锋或暖锋移出该地区或锋消失以后，天气才能转晴。初夏时，如果暖气团湿度增大，低层升温，气层可能呈现不稳定状态，锋上也可能形成积雨云和雷阵雨天气。

**拓展思考**

**“霪雨霏霏，连月不开”出自哪篇文章**

“若夫霪雨霏霏，连月不开；阴风怒号，浊浪排空；日星隐曜，山岳潜形，商旅不行，樯倾楫摧；薄暮冥冥，虎啸猿啼。登斯楼也，则有去国怀乡，忧谗畏讥，满目萧然，感极而悲者矣。”你知道这篇文章的名称和作者吗？

另一类是主要云系发展在锋下，并无明显降水的准静止锋。例如，昆明准静止锋，它是南下冷空气为山所阻而呈静止状态，锋上暖空气干燥而且滑升缓慢，产生不了大规模云系和降水，而锋下的冷空气沿山坡滑升和湍流混合作用，在锋下可形成不太厚的雨层云，并常伴有连续性降水。

中国准静止锋主要出现在华南、西南和天山北侧，出现时间多在冬半年，对这些地区及其附近天气的影响很大。

**锢囚锋天气**

锢囚锋是由冷锋赶上暖锋或两条冷锋相遇，把暖空气抬到高空，由原来锋面合并形成的新锋面。它的天气保留着原来锋面天气的特征。例如，锢囚锋是由具有层状云系的冷、暖锋并合而成，则锢囚锋的云系也是层状云，并分布在锢囚点的两侧。如果原来冷锋上是积状云，那么锢囚后，积状云与暖锋的层状云就会相连。锢囚锋的降水不仅保留着原来锋段降水的特点，而且由于锢囚作用，上升运动进一步发展，暖空气被抬升到锢囚点以上，使云层变厚、降水增加、降水区扩大。锢囚点以下的锋段，根据锋是暖式或冷式锢囚锋而出现相应的云系。锢囚锋过境时，出现与原来锋面相联系而更加复杂的天气。

> 广角镜
>
> **华北锢囚锋**
>
> 华北锢囚锋多由冷空气分东西两路进入华北地区而形成。东边冷空气自贝加尔湖东部经过中国东北、渤海直入华北平原，而西边冷空气由中亚细亚经中国新疆、甘肃进入河套地区，两股冷空气前沿均有冷锋出现，两条冷锋相向而行，常在山西境内形成迎面锢囚，多带来雨雪天气。

中国锢囚锋主要出现在锋面频繁活动的东北、华北地区，以春季最多。东北地区的锢囚锋大多由蒙古、俄罗斯移来，多属冷式锢囚锋。华北锢囚锋多在本地生成，属暖性锢囚锋。

## 风

一年四季，我们几乎每天都在和风打交道。有和煦的春风，也有刺骨的寒风。那么，你知道风究竟是怎样来的吗？

## ◎风是怎样产生的

如果给风下一个简单的定义，可以这样说，空气在水平方向上的流动就叫做风。风是由于空气受热或受冷而导致的从一个地方向另一个地方产生移动的结果。

我们知道，太阳照射着地表的不同区域，空气受阳光的照射后，就造成了有的地方空气热，有的地方空气冷。热空气比较轻，容易向高处飞扬，就上升到了周围的冷空气之上；而冷空气比较重，会向空气比较轻的地方流动，于是空气就发生了流动现象。空气流动现象就是风。下面我们就详细地讲一讲风的形成和风带。

## ◎影响风的因素

在赤道和低纬度地区，太阳高度角大，日照时间长，太阳辐射强度强，地面和大气接受的热量多、温度较高；再高纬度地区太阳高度角小，日照时间短，地面和大气接受的热量小，温度低。这种高纬度与低纬度之间的温度差异，形成了南北之间的气压梯度，使空气作水平运动，风应沿水平气压梯度方向吹，即垂直与等压线从高压向低压吹。地球在自转，使空气水平运动发生偏向的力，称为地转偏向力。这种力使北半球气流向右偏转，南半球向左偏转。所以地球大气运动除受气压梯度力外，还要受地转偏向力的影响。大气的真实运动是这种两力综合影响的结果。

实际上，地面风不仅受这两个力的支配，而且在很大程度上受海洋、地形的影响。山隘和海峡能改变气流运动的方向，还能使风速增大。丘陵、山地却因摩擦大，使风速减少，孤立山峰却因海拔高，使风速增大。因此，风向和风速的时空分布较为复杂。

## ◎风向和风力

那么，人们是怎样来区分风的大小和风的方向的呢？天气预报中的风向指的是风吹来的方向。例如北风，就是风从北方吹来，向南行就顺风省力，朝北走则顶风费劲儿。天气预报中的风向，一共分 8 个方向，它们是北风、东北风、东风、东南风、南风、西南风、西风、西北风。气象中观测风的大小，就是测定空气在 1 秒钟内平均沿平行地面的方向运动了多少米，叫做风速，米数大就是风大，米数小就是风小。风速和天气预报中的风力有关系。例如 0 级就是无风，烟囱冒的烟一直向上升，风速是 0 ~ 0. 2 米/秒；1 级，叫软风，烟能随风飘，可测出风向，风速 0. 3 ~ 1. 5 米/秒；8 级，叫大风，风速 17. 2 ~ 20. 7 米/秒，能折断树枝，人若顶风行走感觉阻力很大。

## ◎风的类型

气象学家一般把风分为五个类型，它们分别是：

**海陆风**

海陆风是指发生在沿海地区的，白天吹海风，夜间吹陆风，以一日为周期的周期性风系。

海陆风是由于海陆的热力性质的差异引起的，但影响的范围仅限于沿海地区。在沿海地区，白天陆地增温快，陆面气温高于海面，近地面空气上升形成低压，气流从海洋流向陆地，形成海风；夜间相反，陆地降温快，陆面气温低于海面，形成陆风。

**拓展阅读**

**交通中风向的利用**

在飞机起飞或降落时最好选择逆风的方向，所以飞机的跑道应该与风的方向一致。航海应顺风航行，这样既可以提高航速，也节省燃料。逆风与之相反。

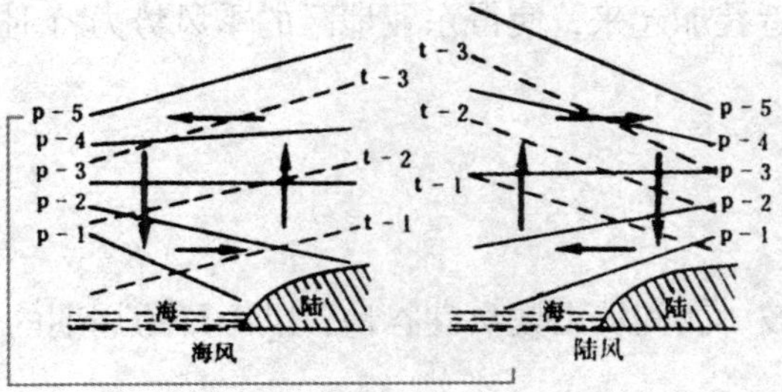


海陆风示意图

海陆风对沿海地区的天气和气候有着明显的影响：白天，海风携带着海洋水汽输向大陆沿岸，使沿海地区多雾多低云，降水量增多，同时还调节了沿海地区的温度，使夏季不致过于炎热，冬季不过于寒冷。

**知识小链接**

**亚洲地区的季风特点**

亚洲地区是世界上最著名的季风区，其季风特征主要表现为存在两支主要的季风环流，即冬季盛行东北季风和夏季盛行西南季风，并且它们的转换具有暴发性的突变过程，中间的过渡期很短。一般来说，11 月至翌年 3 月为冬季风时期，6～9 月为夏季风时期，4～5 月和 10 月为夏、冬季风转换的过渡时期。

### 高原季风

高耸挺拔的大高原，由于它与周围自由大气的热力差异所形成的冬夏相反的盛行风系，称为高原季风。以青藏高原季风最为典型。冬季高原面上出现冷高压，气流从高原向四周流动；夏季高原面上出现热低压，气流从四周流向高原。

高原季风对环流和气候的影响很大，尤其在东亚和南亚季风区。高原形成的强季风环流，破坏了低纬行星风系，冬季出现了与哈德莱环流圈相一致的经圈环流。夏季则出现与哈德莱环流相反的经圈环流即季风环流。同时，在冬夏不同的季节，高原季风环流的方向与东亚地区因海陆热力性质差异所形成的季风的方向完全一致，两者叠加起来，使得东亚地区的季风势力特别强盛，厚度特别大。

### 山谷风

在山区，白天从谷地吹向山坡、夜间从山坡吹向谷地，以一日为周期的周期性风系，称为山谷风。

山谷风的形成原理跟海陆风类似。白天，山坡接受太阳光热较多，成为一只小小的“加热炉”，空气增温较多。而山谷上空，同高度上的空气因离地较远，增温较少。于是山坡上的暖空气不断上升，并在上层从山坡流向谷地，谷底的空气则沿山坡向山顶补充，这样便在山坡与山谷之间形成一个热力环流。下层风由谷底吹向山坡，称为谷风。到了夜间，山坡上的空气受山坡辐射冷却影响，“加热炉”变成了“冷却器”，空气降温较多。而谷地上空，同高度的空气因离地面较远，降温较少。于是山坡上的冷空气因密度大，顺山坡流入谷地，谷底的空气因汇合而上升，并从上面向山顶上空流去，形成与白天相反的热力环流。下层风由山坡吹向谷地，称为山风。

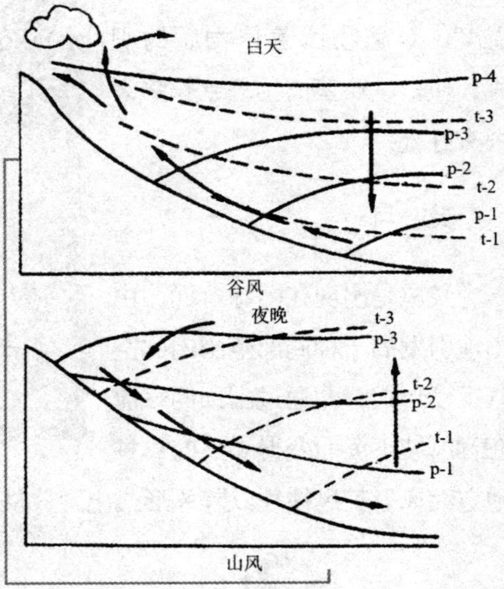


**山谷风示意图**

谷风的平均速度每秒 2～4 米，有时可达每秒 7～10 米。谷风通过山隘的时候，风速加大。山风比谷风风速小一些，但在峡谷中，风力加强，有时会吹损谷地中的农作物。谷风所达厚度一般约为谷底以上 500～1000 米，这一厚度还随气层不稳定程度的增加而增大。因此，一天之中，以午后的伸展厚度为最大。山风厚度比较薄，通常只及 300 米左右。

在晴朗的白天，谷风把温暖的空气向山上输送，使山上气温升高，促使山前坡岗区的植物、农作物和果树早发芽、早开花、早结果、早成熟；冬季可减少寒意。谷风把谷地的水汽带到上方，使山上空气湿度增加，谷地的空气湿度减小，这种现象，在中午几小时内特别的显著。如果空气中有足够的水汽，夏季谷风常常会凝云致雨，这对山区树木和农作物的生长很有利。夜晚，山风把水汽从山上带入谷地，因而山上的空气湿度减小，谷地空气湿度增加。在生长季节里，山风能降低温度，对植物体营养物质的积累，块根、块茎植物的生长膨大很有好处。

**拓展阅读**

**块　茎**

块茎是植物茎的一种变态，呈块状而故名。既然是茎，因此就具有植物茎的主要特征，比如芽、叶痕等。我们常吃的马铃薯是最典型的块茎。

### 焚　风

焚风是出现在山脉背面，由山地引发的一种局部范围内的空气运动形式，即通过山顶的气流在背风坡下沉而变得干热的一种地方性风。焚风往往以阵风形式出现，从山上沿山坡向下吹。

焚风示意图

焚风效应对山地自然环境的局部差异有重要意义，对植被类型的形成及生态特征、土壤的类型和形成过程都有一定的影响。焚风现象在中国西南峡谷区表现最为明显。如云南怒江谷地呈现出热带和亚热带稀树草原特征的自然环境，与焚风带来的效应是分不开的。

### “城市热岛”和“城市风”

城市人口集中，工业发达，居民生活、工业生产及交通工具每天释放出大量的人为热，导致城市热力过程的总效应为：城市的温度一般高于周围的郊区和农村，城市犹如一个温暖的岛屿，称为“城市热岛”。这主要是城市上空通过乱流扩散从暖的建筑物得到显热，并且吸收城市表面和污染层放出的长波辐射的结果。

由于热岛效应的存在，城市的年平均温度要比郊区高0.5℃～1℃。一般情况下，热岛效应对最低温度的影响最为明显，可以使城市的最低温度比周围的郊区和农村高5℃～6℃。有些大城市，在夜间天空少云、清晨几小时无风时，这个差别甚至可达到6℃～8℃。城市热岛效应在降水性质上有非常直接的表现，如在同一时间，城市周围的农村正在降雪，但对应着的城市内部降落的却是雨夹雪或雨。据观测，热岛效应对最高温度的影响也极为显著，并且随着城市的发展，热岛效应越来越明显。

例如，1997年6月6日是该年上海入夏后最热的一天，龙华气象站测得市区最高气温达37.1℃，而据反映郊区气温情况的宝山气象台观测，最高温度仅为32.6℃，市区比城郊竟高出4.5℃。来自上海市气象局的统计资料显示：1961～1990年的30年间上海夏季市区平均最高气温比郊区高0.9℃，而1992～1996年，市区与城郊的最高气温差达到2℃。城市热岛效应日益加剧，使上海市区夏季高温酷暑时间拉长，给人们的工作和生活带来很大不便。

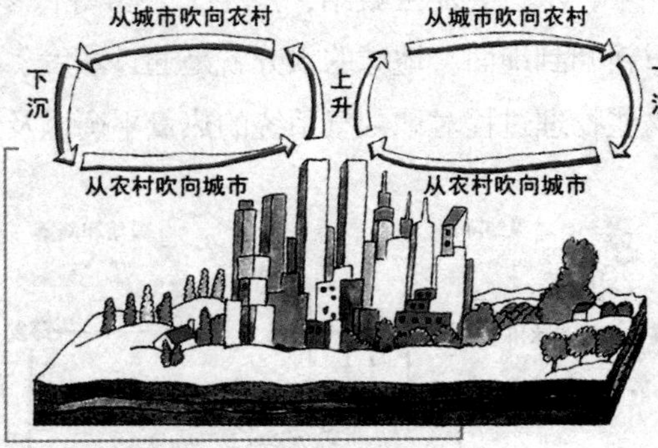

城市风示意图

由于城市热岛的存在，当大气环流较微弱时，常常引起空气在城市地区上升、郊区下沉，使得城市和郊区之间形成了一个小型的热力环流。这个小型的热力环流被气象学家称为“城市风”。

## 霜、雾、云与降水

在上文中我们已经多次提到降水，但降水是怎么回事呢？降水分为哪些形式呢？为什么下雨之前天空中总会有乌云出现呢？为什么有时候下雨，有时候下雪，有时候还会有冰雹呢？霜是怎样产生的？雾又是怎样产生的呢？我们将在本节内容中详细解释这些问题。

## ◎ 水的凝结

霜、雾的产生以及降水都和大气运动分不开。大气从海洋、湖泊、河流以及潮湿土壤的蒸发中或者从植物的蒸腾作用中获得水分。水分进入大气以后，由于它本身的分子扩散和气流的传递而散布于整个大气之中。在一定条件下，水汽会发生凝结，产生云、雾等许多天气现象，并且以雨、雪等形式重新回到地面。地球的水分就是通过蒸发、凝结和降水等物理过程循环不已，这些物理过程对地－气系统的热量平衡以及天气变化起着非常重要的作用。

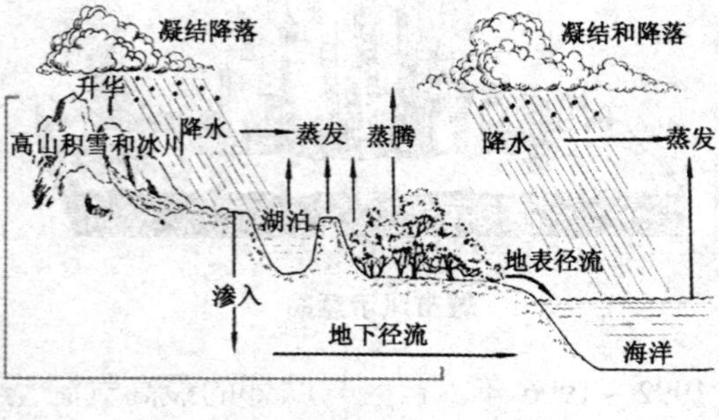


水循环示意图

在一定的温度下，空气中能容纳的水汽量是有限度的。当空气中的水汽量达到这个限度时，叫做“饱和状态”，超过这一限度时叫做“过饱和状态”。水汽过饱和时，如果温度高于0℃，多余的水汽会析出凝结成水滴；如果温度低于0℃，多余的水汽会直接凝华为冰晶。

饱和状态下空气中所能容纳的最大水汽量与温度的高低有很大关系。在同样体积的空气里，温度高时所能容纳的水汽量要比温度低时要大。

基本小知识

### 蒸腾作用

蒸腾作用是水分从活的植物体表面（主要是叶子）以水蒸气状态散失到大气中的过程。蒸腾作用不仅受外界环境条件的影响，而且还受植物本身的调节和控制，因此它是一种复杂的生理过程。

在一般情况下，大气中水汽的过饱和以及水滴和冰晶的形成大都是由空气冷却引起的。因此，空气变冷是大气中发生凝结和凝华过程的主要条件。

但是仅仅具备这个条件是不够的，要形成水滴和冰晶，还需要有凝结核。因为空气中如果没有任何杂质，即使已达到过饱和状态，水汽分子也无从依附。水汽分子偶尔相互合并成微小水滴，也会因其微少而迅速蒸发掉。而凝结核在大气中到处都存在，如盐粒、烟粒和尘埃等。

因此，当大气中的水汽达到过饱和时，多余的水汽就以这些微粒为核心凝结或凝华成小水滴或小冰晶，并逐渐增大。大气中的水滴和冰晶就是这样形成的。



## ◎霜是怎样形成的

水的凝结现象最直观的是露和霜。傍晚或夜间，地面或地物由于辐射冷却，使贴近地表面的空气层也随之降温，当其温度降到露点以下，即空气中水汽含量过饱和时，在地面就会有水汽的凝结物。如果此时的温度在0℃以上，在地面或地物上就出现微小的水滴，称为露。

基本小知识

### 露　点

气温愈低，饱和水气压就愈小。所以对于含有一定量水汽的空气，在气压不变的情况下降低温度，使饱和水汽压降至与当时实际的水汽压相等时的温度，称为露点。

露的形成条件是：贴地空气湿度要大，地面不利于传导热量，而易于发生凝结，如疏松的土壤表面，植物的叶面；有利于辐射冷却的天气条件，如晴朗微风的夜晚。

在晴朗微风的夜晚有利于辐射冷却是由于微风可使辐射冷却在较厚的气层中充分进行，而且可使贴地空气得到更换，保证有足够多的水汽供应凝结。而无风时可供凝结的水汽不多，风速过大时由于湍流太强，又会使贴地空气与上层较暖的空气发生强烈混合，导致贴地空气降温缓慢，不利于露和霜的生成。

草上的露

在温带地区夜间露的降水量相当于0.1～0.3毫米的降水层。在许多热带地区就更加可观了，多露之夜可有相当于3毫米的降水量，平均约1毫米。露的量虽有限，但对植物很有利，尤其在干燥地区和干热天气，夜间的露常有维持植物生命的功用。例如，在埃及和阿拉伯沙漠中，虽数月无雨，植物还可以依赖露水生长发育。

中国北方地区的霜

如果温度在0℃以下，则水汽直接在地面或地物上凝结成白色的冰晶，称为霜。霜一般形成在寒冷季节里晴朗、微风或无风的夜晚。

霜是一种白色的冰晶，多形成于夜间。少数情况下，在日落以前太阳斜照的时候也能开始形成。通常，日出后不久霜就融化了。但是在天气严寒的时候或者在背阴的地方，霜也能终日不消。

霜的形成和当时的天气条件有关。当物体表面的温度很低，而物体表面附近的空气温度却比较高，那么在空气和物体表面之间有一个温度差。如果物体表面与空气之间的温度差主要是由物体表面辐射冷却造成的，则在较暖的空气和较冷的物体表面相接触时空气就会冷却，达到水汽过饱和的时候多余的水汽就会析出。如果温度在0℃以下，则多余的水汽就在物体表面上凝结为冰晶，这就是霜。因此霜总是在有利于物体表面辐射冷却的天气条件下形成。

另外，云对地面物体夜间的辐射冷却是有妨碍的，天空有云不利于霜的形成，因此，霜大都出现在晴朗的夜晚，也就是地面辐射冷却强烈的时候。

此外，风对于霜的形成也有影响。有微风的时候，空气缓慢地流过冷物体表面，不断地供应着水汽，有利于霜的形成。但是，风大的时候，由于空气流动得很快，接触冷物体表面的时间太短，同时风大的时候，上下层的空气容易互相混合，不利于温度降低，从而也会妨碍霜的形成。大致说来，当风速达到 3 级或 3 级以上时，霜就不容易形成了。

广角镜

### 霜冻及危害

霜冻在秋、冬、春三季都会出现，是一种农业气象灾害。其危害的机理是：①温度下降到 0℃ 以下时，细胞间隙的水分形成冰晶，细胞内原生质与液泡逐渐脱水和凝固，使细胞致死。②解冻时细胞间隙中的冰融化成水很快蒸发，原生质因失水使植物干死。

霜的形成也与地面物体的属性有关。霜是在辐射冷却的物体表面上形成的，所以物体表面越容易辐射散热并迅速冷却，在它上面就越容易形成霜。同类物体，在同样条件下，假如质量相同，其内部含有的热量也就相同。如果夜间它们同时辐射散热，那么，在同一时间内表面积较大的物体散热较多，冷却得较快，在它上面就更容易有霜形成。这就是说，一种物体，如果与其质量相比，表面积相对大的，那么在它上面就容易形成霜。草叶很轻，表面积却较大，所以草叶上就容易形成霜。另外，物体表面粗糙的，要比表面光滑的更有利于辐射散热，所以，在表面粗糙的物体上更容易形成霜，如土块。

霜的消失有两种方式：一是升华为水汽，一是融化成水。最常见的是日出以后因温度升高而融化消失。霜所融化的水，对农作物有一定好处。

## ◎ 雾是怎么回事

雾和云则是水汽在空中凝结形成的。由大量小水滴、小冰晶或两者混合构成的可见集合体，高悬于空中的称为云；飘浮于近地面，使水平能见度小于是1000千米的称为雾。雾和云都是由浮游在空中的小水滴或冰晶组成的水汽凝结物，只是雾生成在大气的近地面层中，而云生成在大气的较高层而已。

雾形成的有利条件是近地面空气中水汽充足，有使水汽发生冷却过程，有凝结核。雾既然是水汽凝结物，因此应从造成水汽凝结的条件中寻找它的成因。大气中水汽达到饱和的原因不外两个：一是由于蒸发，增加了大气中的水汽，二是由于空气自身的冷却。对于雾来说冷却更重要。当空气中有凝结核时，饱和空气如继续有水汽增加或继续冷却，便会发生凝结。凝结的水滴如使水平能见度降低到1000千米以内时，雾就形成了。

**拓展阅读**

**关于雾的谚语**

春雾日头夏雾雨，秋雾凉风冬雾雪。雾起不收，细雨不休；雾起即收，旭日可求。清晨雾浓，一日天晴。迷雾毒日头。早起雾露，晌午晒破葫芦。晚间天罩云，早上着鞋行；早上地罩雾，尽管洗衣裤。

因此，凡是在有利于空气低层冷却的地区，如果水汽充分，风力微和，大气层稳定，并有大量的凝结核存在，便最容易生成雾。一般在工业区和城市中心形成雾的机会更多，因为那里有大量的凝结核存在。

## ◎ 雾的分类方法

根据空气达到过饱和的具体条件不同，通常把雾分为以下几种：辐射雾、平流雾、蒸气雾、上坡雾、锋面雾等。

（1）辐射雾：由地面辐射冷却使贴地气层变冷而形成，多见于秋冬季无云的夜间。

这种雾是空气因辐射冷却达到过饱和而形成的，主要发生在晴朗、微风、近地面、水汽比较充沛的夜间或早晨。这时，天空无云阻挡，地面热量迅速向外辐射出去，近地面层的空气温度迅速下降。如果空气中水汽较多，就会很快达到过饱和而凝结成雾。

另外，风速对辐射雾的形成也有一定影响。如果没有风，就不会使上下层空气发生交换，辐射冷却效应只发生在贴近地面的气层中，只能生成一层薄薄的浅雾。如风太大，上下层空气交换很快，流动也大，气温不易降低很多，则难以达到过饱和状态。在 1 ~ 3 米/秒的微风时，有适当强度的交流，既能使冷却作用伸展到一定高度，又不影响下层空气的充分冷却，因而最利于辐射雾的形成。

辐射雾出现在晴朗无云的夜间或早晨，太阳一升高，随着地面温度上升，空气又回复到未饱和状态，雾滴也就立即蒸发消散。因此早晨出现辐射雾，常预示着当天有个好天气。“早晨地罩雾，尽管晒稻谷”、“十雾九晴”指的就是这种辐射雾。

（2）平流雾：由于暖湿空气流到冷的下垫面上，冷却降温，水汽发生凝结形成。一般地说，平流雾比辐射雾范围广，厚度大，持续时间长，多见于沿海地区、海面、冷暖流交汇处。

平流雾

形成平流雾的天气条件有：下垫面与暖湿空气的温差大；暖湿空气的湿度大；适宜的风向（由暖向冷）和风速（2 ~ 7 米/秒）。

只要有适当的风向、风速，雾一旦形成，就常持续很久。如果没有风，或者风向转变，暖湿空气来源中断，雾也会立刻消散。

（3）蒸气雾：如果水面是暖的，而空气是冷的，当它们温差较大的时候，水汽便源源不断地从水面蒸发出来，闯进冷空气，然后又从冷空气里凝结出来成为蒸气雾。

一般在南方的暖洋流进到极地区域时，极地的冷空气覆盖在暖水面上而形成蒸汽雾。例如，北大西洋上就有一股强大的墨西哥湾流的暖洋流，经常突入北极的海洋上，造成北极洋面上大规模的蒸汽雾。有时候，北极的冷空气停留在冰面上，在冰面裂开的地方，冰下较暖的水就露出来，形成局部的蒸汽雾，蒸汽雾大都出现在高纬度的北极地区，所以人们常称它为“北极烟雾”。

基本小知识

### 墨西哥湾暖流

墨西哥湾暖流也叫湾流，是世界上最强大、影响最深远的一支暖流。由北赤道暖流及圭亚那暖流汇聚于加勒比海和墨西哥湾后，经佛罗里达海峡流出，称佛罗里达暖流。它与东南来的安的列斯暖流汇合后称墨西哥湾暖流，沿北美大陆架北上，在美国东海岸的哈特勒斯角附近偏向东北方向流，在北纬45°的纽芬兰浅滩外缘，因受盛行西风影响而折向东流，并在西经40°附近改称北大西洋暖流。

除了极地区域外，冷空气覆盖暖水面的情形还常出现在内陆湖滨地区。夜间湖水面比陆面暖，当夜间陆风吹到暖的湖面上时，在湖面上就会形成一层比较浅薄的蒸汽雾。秋、冬季节，每当冷空气南下以后，在天晴风小的早晨，暖水面还来不及冷却时，就弥漫着这种蒸汽雾。

（4）上坡雾：这是潮湿空气沿着山坡上升，绝热冷却使空气达到过饱和而产生的雾。这种潮湿空气必须稳定，山坡坡度必须较小，否则形成对流，雾就难以形成。

（5）锋面雾：经常发生在冷、暖空气交界的锋面附近。锋前锋后均有，但以暖锋附近居多。锋前雾是由于锋面上面暖空气云层中的雨滴落入地面冷空气内，经蒸发，使空气达到过饱和而凝结形成。而锋后雾，则由暖湿空气移至原来被暖锋前冷空气占据过的地区，经冷却达到过饱和而形成的。

## ◎云和云的分类方法

云是气块上升过程绝热冷却降温，使水汽达到饱和或过饱和和发生凝结而形成的。绝热冷却是指任一气块与外界无热量转换时的状态变化过程。

水汽从蒸发表面进入低层大气后，这里的温度高，所容纳的水汽较多。如果这些湿热的空气被抬升，温度就会逐渐降低，到了一定高度，空气中的水汽就会达到饱和。如果空气继续被抬升，就会有多余的水汽析出。如果那里的温度高于0℃，则多余的水汽就凝结成小水滴；如果温度低于0℃，则多余的水汽就凝化为小冰晶。在这些小水滴和小冰晶逐渐增多并达到人眼能辨认的程度时，就是云了。

根据形成云的上升气流的特点，云可分为对流云、层状云和波状云三大类。对流云包括淡积云、浓积云、秃积雨云和鬃积雨云，卷云也属于对流云；层状云包括卷层云、高层云、雨层云和层云；波状云包括层积云、高积云、卷积云。

积雨云

## ◎降　水

从云中降到地面上液态或固态水，称为降水。常见的有雨、雪、冰雹、霰等。降水的多少用降水量表示。降水量指降落到地面上的雨和融化后的雪，冰雹等未经蒸发、渗透、流失而集聚在水平面上的水层厚度。降水量的单位是毫米。

降水和热量一样，是地球表面一切生命过程的基础，是塑造自然地理环境和影响人类活动的重要因素。

降水是云中水滴或冰晶增大的结果。从雨滴到形成降水需具备两个基本条件：一是雨滴下降速度超过气流上升速度，二是雨滴从云中降落到地面前不被完全蒸发。降水的形成，必须经历云滴增大为雨滴、雪花及其他降水物的过程。云滴增长主要有两个过程：

冰 雹

（1）云滴的凝结（凝华）增长：在云的发展阶段，云体上升绝热冷却，或不断有水汽输入，使云滴周围的实际水汽压大于其饱和水汽压，云滴就会因水汽凝结或凝华而逐渐增大。当水滴和冰晶共存时，在温度相同的条件下，冰面水汽压小于水面水汽压，水滴将不断蒸发变小，而冰晶则不断凝华增大，这种过程称为冰晶效应。

（2）云滴的冲并增长：云滴大小不同，相应具有不同的运动速度。云滴下降时，个体大的云滴落得快，个体小的云滴落得慢，于是大云滴“追上”小云滴，碰撞合并成为更大的云滴。这个过程就是云滴的冲并增长。

地球上最大年降水量出现在印度乞拉朋齐。1861 年，乞拉朋齐曾降水 23000 毫米。平均年降水量以夏威夷考爱岛的迎风坡最多，达 12040 毫米。日最大降水量出现在印度洋的留民旺岛，1952 年 3 月，那里日降水量竟然达到 1870 毫米，比中国台湾的火烧寮还多出 200 毫米。

最少的降水量出现在沙漠上。撒哈拉年降水量大都不到 50 毫米。埃及的阿斯旺和阿尔及利亚的英沙拉，多年平均降水量都为 0。中亚沙漠年降水量也在 50 毫米以下，如中国新疆且末县降水量只有 9. 4 毫米，若羌县也只有 16. 9 毫米。

## ◎雷　电

说起降水，不能不说一说雷电。一说起降水，大家都会想到雷电。同样，一说起电闪雷鸣，大家往往会想起暴风雨，可见雷电是与云雨有关系的。其实闪电是云层和云层之间或云层与地面之间的一种放电现象，而放电时所发出的巨大声响就是打雷。

雷　电

雷电一般出现在积雨云里。积雨云常常是由于上下层空气发生强烈的对流运动而产生的。就像夏天午后，近地面的空气被太阳烤得很热，热空气上升在高空遇到冷空气就容易产生积雨云。在积雨云中或云块之间存在着大量的正负电荷。空气对流得愈厉害，云翻滚得愈猛烈，云的上下部聚集的电荷就愈多，在云块之间或云与大地之间就会产生很强的电场和电位差。当电场强度很大时，就能把阻隔在云之间或云与大地之间的空气击穿而产生放电现象，发出耀眼的光芒，这就是闪电。在闪电经过的通道上，能使空气温度猛然剧增到20000℃，空气受热和水滴汽化后会猛烈膨胀，发出巨响，这就是打雷。

说来奇怪，这种现象除与空气对流速度有关外，还与植物有关。地球上生长着大量芳香植物，每年可向大气散发1.5亿吨左右的芳香物质。当它们迎着阳光飞散时，每一滴芳香物质都带有正电荷，它们以自己为核心，把大气中的水分吸到自己周围，形成水汽层。并逐渐积累扩展，最后形成可以发生电闪雷鸣的大块乌云。到了冬季，北方的芳香植物大部分死亡，有些处于休眠状态。因此，在这些地区，虽然时常下起纷纷扬扬的大雪，却极少听到雷声。两极地区和沙漠地带难得有雷雨天气，也是缺少芳香植物的缘故。

你可能要问，那海洋上空为什么雷电也很少？那是因为海洋中虽有大量水生植物，它们虽然也能产生许多芳香物质，但大部分被溶解在水中，没有机会进入空气。

雷电是一种天气现象。它虽然不像暴雨和干旱那样，造成大面积的灾害，但是有时会给人带来危险。闪电能击倒房屋，击毁电器设备，引起森林火灾，有时还会击中行人。例如，有3个法国士兵在树下躲雨，雨停后，3人还不动。有人跟他们打招呼，3名士兵也不答话，一摸立刻倒地，化成灰烬，原来他们被闪电击毙了。闪电还常制造一些怪事，有的闪电火球在飞机机舱中滚来滚去，却不伤一人；有的闪电把冰箱变成了烤箱，把冰箱中的生食变成熟品；有的雷电将一群羊中黑色的全部击毙，而白色的却安然无恙；有的雷电将盲人复明，使聋人闻声。

**拓展阅读**

### 富兰克林与雷电实验

富兰克林是美国伟大的科学家。在18世纪以前，人们还不能正确地认识雷电到底是什么。学术界比较流行的是认为雷电是“气体爆炸”的观点。富兰克林认为闪电是一种放电现象。为了证明这一点，他在一个雷雨天，将一个系着长长金属导线的风筝放飞进雷雨云中，在金属线末端拴了一串银钥匙。当雷电发生时，富兰克林手接近钥匙，钥匙上迸出一串电火花，手上还有麻木感。由此证明了自己的观点。

闪电的颜色多种多样，有红色、绿色、白色、黄色。闪电的形状也变化莫测，有球状、枝状、串珠状。

人们最关心的是怎样躲避雷电。一般地说，遇到雷阵雨时，应待在室内，并关好门窗；如在野外，不要靠近高大的物体，如旗杆和大树等；在空旷的地方要蹲在地上，仅用双脚触地；避免接近金属物体；人群要及时散开；游泳者和划船者要尽快离开水面；要关闭电器，拔掉插销；不要打电话。工厂企业、大型室外电器设备、高大建筑物如水塔、烟囱等要安装避雷针。

# 影响中国的主要气象灾害

## ◎什么是气象灾害

气象灾害，一般包括天气、气候灾害和气象次生、衍生灾害。天气、气候灾害，是指因台风、暴雨雪、雷暴、冰雹、大风、沙尘、龙卷风、大雾、高温、低温、连阴雨、冻雨、霜冻、结冰、寒潮、干旱、热浪、洪涝、积涝等因素直接造成的灾害。

气象次生、衍生灾害，是指因气象因素引起的山体滑坡、泥石流、风暴潮、森林火灾、酸雨、空气污染等灾害。

泥石流示意图

气象灾害有20余种，主要有以下种类：

（1）暴雨：山洪暴发、河水泛滥、城市积水；

（2）雨涝：内涝、渍水；

（3）干旱：农业、林业、草原的旱灾，工业、城市、农村缺水；

（4）干热风：干旱风、焚风；

（5）高温、热浪：酷暑高温、人体疾病、灼伤、作物逼熟；

（6）热带气旋：狂风、暴雨、洪水；

（7）冷害：由于强降温和气温低造成作物、牲畜、果树受害；

（8）冻害：霜冻，作物、牲畜冻害，水管、油管冻坏；

（9）冻雨：电线、树枝、路面结冰；

（10）结冰：河面、湖面、海面封冻，雨雪后路面结冰；

龙卷风

（11）雪害：暴风雪、积雪；

（12）雹害：毁坏庄稼、破坏房屋；

（13）风害：倒树、倒房、翻车、翻船；

（14）龙卷风：局部毁坏性灾害；

（15）雷电：雷击伤亡；

（16）连阴雨（淫雨）：对作物生长发育不利、粮食霉变等；

（17）浓雾：人体疾病、交通受阻；

（18）低空风切变：（飞机）航空失事；

（19）酸雨：作物等受害。

## ◎影响中国的气象灾害有哪些

气象灾害是自然灾害中最为频繁而又严重的灾害。中国是世界上自然灾害发生十分频繁、灾害种类甚多、造成损失十分严重的少数国家之一。每年由于干旱、洪涝、台风、暴雨、冰雹等灾害危及人民生命和财产的安全，国民经济也受到了极大的损失。而且，随着经济的高速发展，自然灾害造成的损失亦呈上升发展趋势，直接影响着社会和经济的发展。那么，影响中国的气象灾害主要有哪些呢？

影响中国的气象灾害主要有以下几种：

（1）干旱：干旱是在足够长的时期内，降水量严重不足，致使土壤因蒸发而水分亏损，河川流量减少，破坏了正常的作物生长和人类活动的灾害性天气现象。干旱的结果造成农作物、果树减产，人民、牲畜饮水困难及工业用水缺乏等灾害。干旱是影响中国农业最为严重的气象灾害，造成的损失相当严重。据统计，中国农作物平均每年受旱面积达2000万公顷，成灾面积达800万公顷，每年因旱减产平均达100亿~150亿千克，每年由于缺水造成的经济损失达2000亿元。目前，全国420多个城市存在干旱缺水问题，缺水比较严重的城市有110个。全国每年因城市缺水影响产值达2000亿~3000亿元。

北方的冬旱常常造成小麦枯死

（2）暴雨：暴雨是短时间内或连续的一次强降水过程，在地势低洼、地形闭塞的地区，雨水不能迅速排泄造成农田积水和土壤水分过度饱和给农业带来灾害。暴雨甚至会引起山洪暴发、江河泛滥、堤坝决口，给人民和国家造成重大经济损失。中国气象部门规定，24小时降水量为50毫米或以上的雨称为“暴雨”。长江流域是暴雨、洪涝灾害的多发地区，其中两湖盆地和长江三角洲地区受灾尤为频繁。1983年、1988年、1991年、1998年和1999年等都发生过严重的暴雨洪涝灾害。

（3）台风：台风是一种热带气旋。热带气旋是在热带海洋大气中形成的中心温度高、气压低的强烈涡旋的统称。造成狂风、暴雨、巨浪和风暴潮等恶劣天气，是破坏力很强的天气现象。近年来，因其造成的损失年平均在百亿元人民币以上，像2004年在浙江登陆的“云娜”，一次造成的损失就超过百亿元人民币。

（4）冰雹：冰雹灾害是指在对流性天气控制下，积雨云中凝结生成的冰块从空中降落而造成的灾害。冰雹常常砸毁大片农作物、果园，损坏建筑物，威胁人类安全，是一种严重的自然灾害，通常发生在夏、秋季节里。中国冰雹灾害发生的地域很广，据统计，1993年，农业因冰雹受灾面积达9900多万亩，1994年达5600多万亩。

（5）低温冷冻：低温冷冻灾害主要是冷空气及寒潮侵入造成的连续多日气温下降，致使作物损伤及减产的农业气象灾害。严重冻害年如1968年、1975年、1982年因冻害死苗毁种面积达20%以上。1977年10月25～29日强寒潮使内蒙古、新疆积雪深0.5米，草场被掩埋，牲畜大量死亡。

（6）雪灾：长时间大量降雪造成大范围积雪成灾的自然现象。雪灾的危害主要有严重影响甚至破坏交通、通讯、输电线路等生命线工程，对人民生产、生活影响巨大。2008年1月，中国南方地区出现百年罕见的大雪，湖南、贵州、湖北、安徽、江西、江苏、浙江等南方省份大范围受灾，造成的直接经济损失竟达1516亿元之多。

**你知道吗**

**2008年我国南方雪灾原因何在**

我国国家气象部门的专家指出，这次大范围的雨雪过程应归因于与拉尼娜现象有关的大气环流异常。环流自2008年1月起长期经向分布使冷空气活动频繁，同时副热带高压偏强、南支槽活跃，源自南方的暖湿空气与北方的冷空气在长江中下游地区交汇，形成强烈降水。大气环流的稳定使雨雪天气持续，最终酿成这次雪灾。

## ◎洪　水

先说一说我们的祖先是如何跟洪水展开斗争的。在传说中夏代以前人们还生存在原始部落，当时有三代领袖：尧、舜、禹。尧把部落领袖的位置传让给舜，舜又传让给禹。舜在位时，夜间有五颗大星出现，看上去像珠子一样连成一串。舜就召来一些长者，请他们断定吉凶。长者们说："从前在北极之外，又有大海，水浪滔天，把太阳都淹没了。海里有大鱼和巨龙，一吐气整个世界都昏暗了，一摇尾巴三山五岳都晃荡。巨龙上天时，河海的水都被搅得漫出来，这就是要发大水啊！"

这些长者说得没错，从尧在位时就发大水，给人们造成巨大灾难。尧就命令鲧去领导治水。鲧偷了天帝的土来堵埋洪水，结果越堵越厉害，9年也没取得成功。尧下令处死鲧，鲧就在羽渊这个地方溺水而死。

鲧的儿子叫禹，尧又命禹继续领导治水。到舜当首领以后，禹领着人们冒着寒风，顶着酷暑，年复一年地在地上挖大沟，凿通山川。他汲取了鲧的教训，不再用土掩水，而要用沟洫把水导走。为了凿通龙关山，从几百里外的积石山开始直到龙门要凿出一个大空穴来。禹亲自探察地形，他进入一个大山穴，里面一点光亮也没有，禹就点上火把一步一步地向前探索。这段时间里，他连昼夜都无法分辨。在他的努力下，终于弄清了地势，凿通了龙门，把河水从这里排泄出去。禹为了致力于治水大业，在崇山峻岭中领着人们一干就是13年。这期间，他腿上的汗毛都磨光了，脚上长了厚厚的老茧，有3次他路过自己的家门，都顾不上回家去看一眼。他的妻子抱着儿子天天站在山头盼他回家，但他不治好洪水决不回家。最后，他终于让黄河水东流入海，把水利工程从陕西一带一直建设到浙江。为人类树立了不向自然力屈服，合理运用规律进行奋斗，使人类在自然力威胁下顺利生存和发展下来。

**大禹像**

后人无限感激和怀念禹，在浙江绍兴会稽山下建了纪念他的庙。禹庙旁边有条石船，一丈（约3.3米）多长，相传是禹乘坐的。庙中还有铁制的鞋底，相传是禹穿用的。到了三千多年前的商周时代，人们在原始诗歌中歌颂禹的功绩，诗中唱道："大水向东流，这都是禹的功绩。"还有一首诗唱道："当茫茫的洪水铺天而来时，是禹治理了它，才又露出了地面的土壤。"

绍兴禹庙

直到现在，有些纪念禹的古迹还可以见到。大禹为人类幸福而献身的精神，永远激励着后来的人们。

从科学的角度上看，禹是有史记载的人类第一次同洪水搏斗，以维护人类的生存环境和条件的人，也是人类第一次化水害为水利，运用自然规律治水的人。虽然我们已经无法考证鲧和禹传说的确切性，但这些传说足以证明从远古时期起，我们的祖先就已经在争取生存的斗争中逐步摸索和掌握治洪治涝的方法，就已经开始兴建自己的水利设施了。无论是堵掩也好，还是疏浚也好，都是治理水患的最基本方法。今天世界上巨大的防波堤，拦河大坝，都是"堵"的方法的现代发展，而挖运河，疏通河道，又都是"疏"的方法的具体运用。

## ◎台 风

讲完了我们的祖先和洪水搏斗的故事，我们再来看看影响我国最为严重的风灾——台风。台风大多产生在对流性云团中，因而初生台风附近有块状云团，随着台风的不断加深发展，形成了围绕台风眼区的特有的近于团环形的浓厚云区。

依据台风的卫星云图和雷达回波，气象学家发现发展成熟的台风云系由外向内有：

（1）外螺旋云带：由层积云或浓积云组成，以较小的角度旋向台风内部；

（2）内螺旋云带：一般由数条积雨云或浓积云组成的云带直接卷入台风

内部；

（3）云墙：是由高耸的积雨云组成的围绕台风中心的同心圆状云带，云顶高度可达 12 千米以上，好似一堵高耸的云墙；

（4）台风眼区：因气流下沉，晴空无云。如果低层水汽充沛，逆温层以下也可能产生一些层积云和积云，但垂直发展不盛，云隙较多，台风区内水汽充沛，气流上升强烈，往往能造成大量降水（200 ~ 300 毫米，甚至更多），降水属阵发性，强度很大，主要发生在垂直云墙区以及内螺旋云带区，眼区一般无降水。



那么台风是怎样形成的呢？热带海洋上的空气因受热而对流上升，四周较冷的空气流入补充，然后再受热上升，如此循环往复，形成了热带低压。在夏秋季节，西南季风与东北信风相遇时造成扰动产生旋涡。这种扰动与对流作用相辅相成，使已形成的热带低压的旋涡继续加深，也就是使四周空气流动得更快，风速加大，于是就演变成热带风暴→强热带风暴→台风。

台风形成的基本条件是：低空存在一个热带扰动，造成辐合流场。这是热带气旋发展的基础。有广阔的高温洋面，蒸发大量水汽到空中凝结，提供台风形成所需的巨大潜热。有一定的地转偏向力，使扰动气流渐变为气旋性旋转的水平旋涡。基本气流的风速垂直切变要小，使潜热不扩散，形成、保持暖心结构及加强对流运动。

**你知道吗**

**台风和飓风一样吗**

台风和飓风是一种风，只是发生地点不同，叫法不同，台风是在北太平洋西部、国际日期以西，包括南中国海；而在大西洋或北太平洋东部的热带气旋则称飓风，也就是说在美国一带称飓风，在菲律宾、中国、日本一带叫台风。

什么地方能同时具备这些条件呢？只有在热带的海洋上。那里气温非常高，又是地球上水汽最丰富的地方。据统计，产生台风的海洋，主要有菲律宾以东的海洋、中国南海、西印度群岛以及澳洲东海岸等。这些地方海水温度比较高，也是南北两半球信风相遇的区域，因此台风就很容易产生。

产生在海洋上的台风是怎样对中国沿海地区造成影响的呢？这就要从台风的路径说起了。台风路径尽管是千变万化的，但是在相似形势和条件的影响下，还是有其共同的特征。根据它们的主要特点，可以将西太平洋台风的基本路径概括为以下三类：

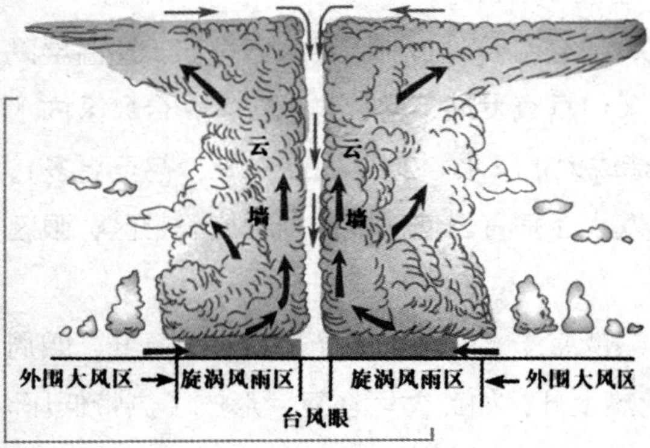


台风示意图

第一类为西移路径：台风从菲律宾以东海面一直向西移动，经中国南海，在华南沿海和海南岛、越南沿海一带登陆。这条路径的台风对中国华南地区影响较大。

第二类为西北移路径：台风自菲律宾以东海面向西北方向移动，横穿中国台湾和台湾海峡，在闽、粤一带登陆；或者穿过琉球群岛，在江、浙沿海登陆。这条路径的台风常常侵袭中国大陆，对华东、华南均有很大的影响，所以有人称之为“登陆型台风路径”。

第三类为转向路径：台风在菲律宾以东海面先向西北方向移动，以后转向东北，呈抛物线状，是最多见的路径。如台风在远海转向，主要袭击日本或在海上消失；如台风在近海转向，大多向东北方向移动，影响朝鲜，但有一小部分在北上的后期会折向西北行，登陆于中国辽鲁沿海。冬季这类台风的转向点很偏南，有可能影响菲律宾和中国台湾一带。

台风移动路径随季节而异。一般说来，夏季台风多属路径第二类，其他季节则多属路径第一类和第三类。其中从东向西的西进型路径，自冬至夏是从低纬向高纬慢慢迁移，自夏至冬又返回低纬。据统计，1～4 月台风多在 10°N 以南西移，5～6 月多在 10°～15°N 之间西移，7～8 月主要路径显著北移，在 15°～25°N 之间西移影响中国。9～10 月开始南退，多在 15°～20°N 之间西移，11～12月台风路径南退到10°～15°N之间西移。至于转向台风，各月平均转向点亦随季节变化，自冬至夏很有规律地从低纬向高纬迁移，盛夏达到最北，而且转向点从东向西移；自夏至冬则转向点从高纬移向低纬，从西移向东。

以上台风路径是多年平均得出的典型路径，反映了台风移动的一般规律。但实际上，在历史上台风从来没有出现过两次完全相同的路径，有些台风甚至会出现打转、摆动、准静止甚至倒退等异常路径。至于南海台风有的还会向西南或东南方向移动。

天气预报员在预报台风的时候，总说台风“某某”会在未来多长时间内在我国东南沿海地区登陆。这是怎么回事呢？原来人们给台风起了名字。根据世界台风委员会第31届会议的决议，从2000年1月1日起，采用具有亚洲风格的名字对西北大西洋和南海生成的热带气旋进行命名，旨在帮助人们对热带气旋提高警觉，增强预警效果。

# 气候系统



气候系统由大气、海洋、陆地表面、冰雪覆盖层和生物圈等5个部分组成。太阳辐射是这个系统的主要能源。其属性可以概括为以下4个方面：热力属性，包括空气、水、冰和陆地的温度；动力属性，包括风、洋流及与之相联系的垂直运动和冰体移动；水分属性，包括空气湿度、云量及云中含水量、降水量、土壤湿度、河湖水位、冰雪等；静力属性，包括大气和海水的密度和压强、大气的组成成分、大洋盐度及气候系统的几何边界和物理常数等。这些属性在一定的外因条件下通过气候系统内部的物理过程（也有化学过程和生物过程）而互相关联着，并在不同时间尺度内变化着。

必须指出，气候是复杂的自然地理现象之一。气候系统本身就说明了这个问题，气候的地带性和非地带性的地区差异，更足以表征它的自然地理特性。

# 什么是气候系统

赤道地区终年高温多雨，而南北极地区即使在夏季也非常寒冷，这是怎么回事呢？这就涉及气候的问题了。

## ◎气候系统是怎样形成的

一般认为，某一地方的气候形成是与大气、海洋、陆地表面、冰雪覆盖层和生物圈五大因子有密切关系的。这些因子在短时期内的变化微小，使气候也较稳定；对于不同地区而言，由于各地所处的纬度位置不同，所接受的太阳辐射能量的多少不同，受海陆影响的程度和大气环流系统的配置不同，因而，各地的气候就有各自不同的特点。科学家在研究气候的时候，往往把它分为气候带和气候型。地球上的气候是多种多样、千变万化、错综复杂的，几乎找不到任何两个地方的气候是完全相同的，也没有任何一个地方的气候每年的状况都是一样的。然而，气候的分布却具有明显的规律性或地带性，特别是在地势比较平坦的海洋或平原，地带性就更为明显。气候的地带性，引起地理环境中的土壤、生物、水体等都具有地带性。

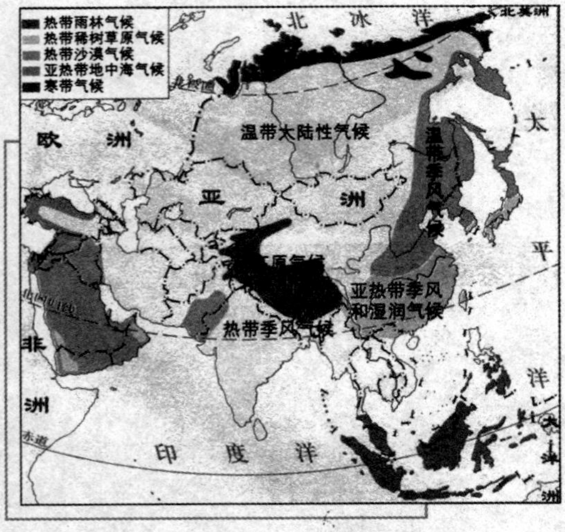

亚洲气候类型分布图

所以，阐述气候的形成就必须分析各个形成因子的作用，并综合考虑诸因子对某地气候的影响。

基本小知识

## 水 体

水体，水的集合体。是地表水圈的重要组成部分，是以相对稳定的陆地为边界的天然水域，包括江、河、湖、海、冰川、积雪、水库、池塘等，也包括地下水和大气中的水汽。

## ◎辐射作用与气候

海陆表面的热能主要来自太阳，太阳辐射能量是大气中一切物理过程的原动力。各地气候差异的基本原因是太阳辐射能量在地球上分布不均匀。各地全年所得太阳辐射因纬度而异，即随着纬度的增高而减少。各地所得太阳辐射量的季节变化也因纬度而不同，即随纬度的增高季节变化加大。由此可看出都表现在纬度的差异上。

如果把地面和上面的空气柱看做是一个整体，那么收入的辐射（地面和大气吸收的太阳辐射）和支出辐射（返回宇宙间的地面和大气的长波辐射）的差额，就是地-气系统的辐射平衡。辐射差额赤道最大，向高纬度逐渐变小。由赤道到纬度30°地区为正值，在30°以上变为负值。它的绝对值向高纬度增加而到极地为最大。由此可见，热带和副热带热量收入大于支出，而温度和寒带则支出大于收入，因此必然会发生热量由赤道向两极输送的状况。

我们分析一下纬度所引起的辐射因子的最简单的情况，也就是在大气上界的太阳辐射情况，即天文辐射。因为大气上界排除了大气对太阳辐射的影响，那么，太阳光热的分布，只受日地距离、日照时数和太阳高度（即太阳入射角）三个因素的影响，尽管这是一种纯理论研究的理想情况，但它与今天地表面的实际辐射情况大体相似。而且，它是实际辐射情况的基础，是今天世界辐射分布和气候状况的基本轮廓。因此，它是具有现实意义的。

（1）天文辐射日总量的分布在纬度方向上是不均衡的。在春、秋分日，太阳直射赤道，单位面积上所获得太阳光热最多，而且在南北半球各相当纬

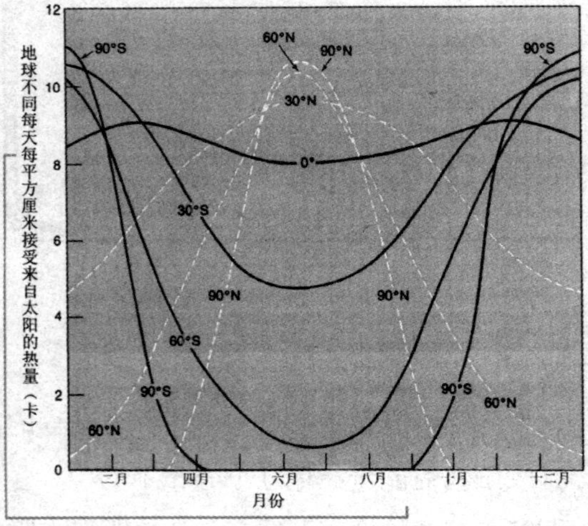


太阳辐射能分布图

度的太阳高度角对称分布，大致相同，日照时间也相等，获得等量的太阳辐射，并向两极逐渐减少。故赤道地区全年有两个最高值（春分日和秋分日），使低纬度气温的年变化具有“双峰型”的特点。在夏至日，太阳直射北回归线，这时南极圈以内的地区出现极夜，日照时间自南极圈向北逐渐增大；太阳高度自南极圈的0°逐渐向北增大，至北回归线达最高，再向北又逐渐减小。因此，太阳辐射的分布自南极圈起向北递增。在北极圈附近，由于日照时数的增长大于因太阳高度角的减小而少得的太阳辐射，所以到达北极出现了最高值（冬至日情况与此相反）。这样，就使高、中纬度的气温年变化呈现“单峰型”的特点。

（2）天文辐射日总量的年变化，是随纬度的增高而加大的。赤道上为109卡/厘米$^2$·日，极地则为1110卡/厘米$^2$·日，二者相差10倍。这和气温年变化随纬度的增高而加大的特点是一致的。

（3）天文辐射的年总量随纬度的增高而递减。最高值出现在赤道，最小值在极地。这正和赤道在一年之内太阳高度角最大，获得的热量最多，气温是随纬度的增高而降低的规律相符合。

（4）太阳辐射最高值，夏半年在20～30°N附近的地区，由此向南、向北减少，且南北之间的辐射量差异小。

这和夏季热赤道随着太阳直射点的北移、南北温差较小的特点相吻合；而冬半年则出现在赤道，随纬度的增高而减小，且南北之间的辐射量相差较大。这与冬半年南北温差较大的特点是一致的。

（5）同一纬度地带，日、季、年辐射量到处都相同，这表明天文辐射具有纬向带状分布的特点。这就是气温呈纬向分布的基本原因。

天文辐射的纬向分布特点，使地球上出现相应的纬向气候带。如赤道带、热带、副热带、温带、寒带等，都称为天文气候带。这是理想的气候带，而实际气候远为复杂，但这已形成全球气候的基本轮廓。

## ◎大气环流与气候

在高纬与低纬之间、海洋与陆地之间，由于冷热不均出现气压差异，在气压梯度力和地转偏向力的作用下，形成地球上的大气环流。大气环流引导着不同性质的气团活动，锋、气旋和反气旋的产生和移动，对气候的形成有着重要的意义。常年受低压控制，以上升气流占优势的赤道带，降水充沛，森林茂密；相反，受高压控制，以下沉气流占优势的副热带，则降水稀少，形成沙漠。来自高纬或内陆的气团寒冷干燥，来自低纬或海洋的气团温和湿润。一个地区在一年里受两种性质不同的气团控制，气候便有明显的季节变化。

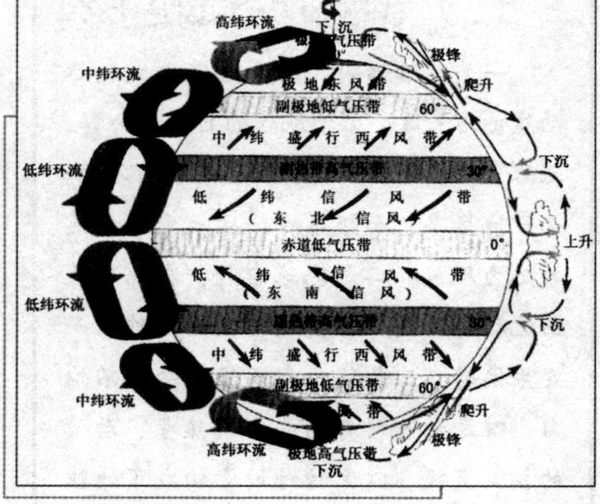


全球大气环流

如中国气候冬季寒冷干燥，夏季炎热多雨，则是受极地大陆气团和热带海洋气团冬夏交替控制的结果。总之，从全球来讲，大气环流在高低纬之间，海陆之间进行着大量的热量和水分输送。在经向方向的热量输送上，大气环流输送的热量约占 80% 。

在大气环流和洋流的共同作用下，使热带温度降低了 7℃ ~13℃，中纬度温度则有所升高，60°N 以上的高纬地区竟升高达 20℃ 。

大气环流水分输送，也起着重要的作用。大气中水分输送的多少、方向和速度与环流形势密切相关。北半球，水汽的输送以30°N附近为中心，向北通过西风气流输送至中、高纬度；向南通过信风气流输送至低纬度。中国的水汽输送，主要有两支：一支来自孟加拉湾、印度洋和南海，随西南气流输入中国；另一支来自大西洋和北冰洋，随西北气流输入中国。南方一支输送量大，北方一支输送量小，两者的界线是黄淮之间和秦岭一线，基本上相当于气候上的湿润和半湿润的界线。

降水的形成离不开天气系统，离不开云、水汽的输入和空气的垂直上升运动。这一切都和环流形势紧密相连。例如，降水量的多少和进入各种天气系统的水汽量有关，暖湿赤道空气的流入能在几小时或一小时以内产生100毫米的降水；雷暴降水量的多少可和流入积雨云内水汽量的多少成正比。

**你知道吗**

**大气环流的形成原因是什么**

一是太阳辐射，这是地球上大气运动能量的来源，由于地球的自转和公转，地球表面接受太阳辐射能量是不均匀的。热带地区多，而极区少，从而形成大气的热力环流。二是地球自转，在地球表面运动的大气都会受地转偏向力作用而发生偏转。三是地球表面海陆分布不均匀。四是大气内部南北之间热量、动量的相互交换。以上种种因素构成了地球大气环流的平均状态和复杂多变的形态。

世界降水的分布有两个高峰和两个低峰，即两个多雨带和两个少雨带，两个多雨带和赤道辐合带、极锋辐合带两个气流辐合带的位置基本相符；两个少雨带和副热带高压带、极地高压带两个气压带的位置一致。

大气环流在气候的形成中起着极其重要的作用。在不同的环流控制下就会有不同的气候，即使同一环流系统，如环流的强度发生改变，则它所控制的地区的气候也将发生改变；如环流出现异常情况，则气候也将出现异常。

大气环流状况的变化，可用经向环流和纬向环流的强弱和转换来表示。

某地区在较长时间内的大气环流的变化都有一个该时期的平均状况。当某年某一段长时间内的经向环流和纬向环流的持续时间和转换频率，大大超过该时期的平均状况时，则称某年某一段长时间内的大气环流状况为环流异常。如1972年的主要环流特征，北半球有两个稳定而强大的长波槽脊存在，12月至次年3月在欧洲上空和北太平洋上空为阻塞高压，大西洋西部和亚洲为低槽；5～9月，欧洲和北美西部为阻塞高压，北美东部和东亚为大槽。整个一年里，北大西洋、北太平洋、欧洲东部和东北部、亚洲西部大部分地区在强大的大范围阻塞高压控制之下，故对于北半球而言，1972年为环流异常年。

由于环流异常，就必然引起气压场、温度场、湿度场和其他气象要素值出现明显的偏差，从而导致降水和冷暖的异常，出现旱涝和持续严寒等气候异常情况。

世界气象组织在1972年度报告中指出："1972年世界的天气是历史上最异常的年份之一。"这一年，1月，美国密歇根州的功圣马利降雨、降雪量达1351.3毫米，超过正常年份10倍以上；2月，强烈暴风雪袭击了伊朗南部，在阿尔达坎地区，许多村庄被埋在8米深的大雪之下；3～5月，美国中、北部和欧洲地中海沿岸各国先后遭到强大的风、雨、雪袭击，而在中东和近东地区几乎同时也发生了数次暴风雪并伴有强烈的低温、冻害；5～6月，印度酷热，最高气温超过50℃，中国香港发生了百年难遇的特大暴雨；7～8月，北冰洋上漂浮着一眼望不到头的大冰山，比常年同期多出4倍。苏联欧洲地区连续近2个月出现酷热少雨天气，引起泥炭地层自焚及森林着火，而西欧地区却连续低温，致使英国伦敦出现了1972年夏至日最高气温比1971年冬至日气温还低的特异现象；秋季，亚欧东部地区普遍低温，使初霜提早；冬季，西北欧的瑞典出现了200年来少见的暖冬，苏联也出现了异常暖冬，莫斯科郊区的蘑菇竟能在冬季破土而出，列宁格勒下了百年未见的"冬季雷雨"，在西非、印度以及苏联欧洲地区，几乎出现了全年连续干旱的严重旱情。西非，人和牲畜的饮水都成了问题。

在中国，由于欧洲和亚洲西部阻塞形势持久稳定，冷暖空气在中国交汇机会少，以致中国北方和南方的部分地区汛期少雨，干旱严重。

由此可知，在环流异常的情况下，可能在某一地区发生干旱，而在另一地区发生洪涝，或者在某一地区发生奇热，而在另一地区发生异冷。

大气环流因子在气候形成中起着重要的作用。它不仅通过环流的纬向分布影响气候的纬度地带性，而且还通过热量和水分的输送，扩大海陆和地形等因子的影响范围，破坏气候的纬度地带性。当环流形势趋向于长期的平均状况时，气候也是正常的；当环流形势在个别年份或个别季节内出现异常时，就会直接影响该时期的天气和气候，使之出现异常。

**知识小链接**

**泥　炭**

泥炭又称为草炭或是泥煤，是煤化程度最低的煤，是煤最原始的状态。随着周围环境的转变，如压力的加大，可以使泥炭变得更加坚固，使之成为无烟炭。泥炭按不同分解程度的、松软的植物残体堆积物，其有机质含量占30%以上。

## ◎海陆分布与气候

海洋占地球总面积的71%，陆地仅占29%，所以海陆差异是下垫面最大和最基本的差异。海洋和大陆由于物理性质不同，在同样的辐射之下，它们的增温和冷却有着很大的差异。冬季，大陆气温低于海洋；夏季，大陆气温高于海洋。

一般情况下，1 月份陆上气温比大洋上气温低；7 月份相反。两者的差值，7 月比 1 月大；低层比高层大，陆上年较差大于海洋上年较差。

海陆对气压和风也有明显的影响。气压分布随气温分布而变化。夏季，大陆是热源，海洋为冷源，因此陆上气压低，海上气压高，风从海洋吹向大陆；冬季，海洋是热源，大陆为冷源，海上气压低，陆上气压高，风从陆上吹向海洋。此外，海陆对湿度、云量、雾和降水量都有很大的影响。

海陆对气候影响显著，在地球上形成了差别很大的大陆性气候和海洋性

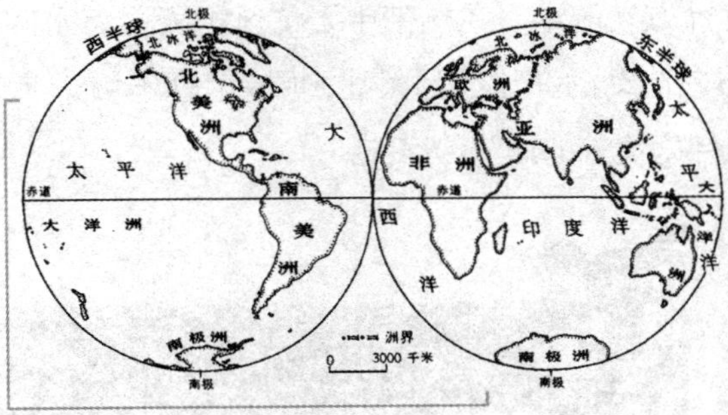


世界海陆分布

气候。海洋性气候与大陆性气候的差别，在气温方面的表现为：大陆性气候的特点是变化快、变化大，因此大陆性气候的日较差、年较差数值都较大，而海洋性气候则相反。大陆性气候最高温出现在7月，最低温出现在1月，海洋性气候一般最高温出现在8月，最低温出现在2月，气温变化落后于大陆。在同一纬度，春、夏的气温，陆上较高，海上较低；相反，冬、秋的气温，陆上较低，海上较高。从而大陆性气候具有春温高于秋温的特点，而海洋性气候则有秋温高于春温的特点。在湿度和降水方面，海洋性气候的特征是相对湿度较大，相对湿度年变化小，云量多、降水量多，降水的年变化小，秋冬降水较多。而大陆性气候的特色是，相对湿度较小，相对湿度的年变化大，云量少，晴天多，降水量少，降水的年变化大，夏季降水较多。

## ◎ 洋流与气候

海洋下垫面的性质是不均一的，其差异主要表现在冷、暖洋流上。洋流的形成有许多原因，主要原因是由于长期定向风的推动。世界各大洋的主要洋流分布与风带有着密切的关系，但洋流流动的方向和风向一致，在北半球向右偏，南半球向左偏。在热带、副热带地区，北半球的洋流基本上是围绕副热带高气压做顺

**广角镜**

### 洋与海并非一个概念

洋，是海洋的中心部分，是海洋的主体。世界大洋的总面积，约占海洋面积的89%。大洋的水深，一般在3000米以上，最深处可达1万多米。

海，在洋的边缘，是大洋的附属部分。海的面积约占海洋的11%，海的水深比较浅，平均深度从几米到2～3千米。

时针方向流动，在南半球做逆时针方向流动。在热带由于信风把表层海水向西吹，形成了赤道洋流。东西方向流动的洋流遇到大陆，便向南北分流，向高纬度流去的洋流为暖流，向低纬度流去的洋流为寒流。

洋流是地球上热量转运的一个重要动力。据卫星观测资料，在20°N 地带，洋流由低纬向高纬传输的热量约占地、气系统总热量传输的74%，在30°～35°N间洋流传输的热量约占总传输量的47%。洋流调节了南北气温差别，在沿海地带等温线往往与海岸线平行就是这个缘故。

暖流在与周围环境进行交换时，失热降温，洋面和它上空的大气得热增湿。我们以墨西哥湾暖流为例，“湾流”每年供给北欧海岸的能量，大约相当于在每厘米长的海岸线上得到600吨煤燃烧的能量。这就使得欧洲的西部和北部的平均温度比其他同纬度地区高出16℃～20℃，甚至北极圈内的海港冬季也不结冰。俄罗斯的摩尔曼斯克就是北冰洋沿岸的重要海港，那里因受北大西洋暖流的恩泽，港湾终年不冻，成为俄罗斯北洋舰队和渔业、海运基地。再如，对中国东部沿海地区的气候影响重大的“黑潮”，是北太平洋中的一股巨大的、较活跃的暖性洋流。它在流经东海的一段时，夏季表层水温常达30℃左右，比同纬度相邻的海域高出2℃～6℃，比中国东部同纬度的陆地亦偏高2℃左右。黑潮不但给中国的沿海地区带来了温度，还为中国的夏季风增添了大量的水汽。根据观测资料进行的计算和不同区域的比较都充分说明：气温相对低而且气压高的北太平洋海面吹向中国的夏季风，只有经过“黑潮”的增温加湿作用以后，才给中国东部地区带来了丰沛的夏季降水和热量，才导致了中国东部

**拓展阅读**

### 不冻港

不冻港就是在冬季里，海水不结冰，船只可以正常出入的港口。中、低纬度的港口通常为不冻港，但高纬度的港口，受暖流影响，也可以是不冻港，如俄罗斯的摩尔曼斯克港口。我国的大连港、旅顺港、秦皇岛港是我国北方终年不冻港。

地区受夏季风影响的地区，形成夏季高温多雨的气候特征。

而寒流在与周围环境进行热量交换时，得热增温，使洋面和它上空的大气失热减湿。例如，北美洲的拉布拉多海岸，由于受拉布拉多寒流的影响，一年要封冻9个月之久。寒流经过的区域，大气比较稳定，降水稀少。像秘鲁西海岸、澳大利亚西部和撒哈拉沙漠的西部，就是由于沿岸有寒流经过，致使那里的气候更加干燥少雨，形成沙漠。

洋流对气候的影响，主要是通过气团活动而发生的间接影响。因为洋流是它上空气团的下垫面，能使气团下部发生变性，气团运动时便把这些特性带到所经过的地区，使气候发生变化。一般来说，有暖洋流经过的沿岸，气候比同纬度各地温暖；有寒流经过的沿岸，气候比同纬度各地寒冷。

正因为有洋流的运动，南来北往，川流不息，对高低纬度间海洋热能的输送与交换，对全球热量平衡具有重要的作用，从而调节了地球上的气候。



## ◎地形与气候

地形起伏不仅使它本身的气候显著不同，而且高耸绵亘的山脉，往往是低层空气流动运行的障碍，它可以阻滞北方的冷空气和南来的暖空气，又可使气流的水分大大损耗。

(1) 对气温的影响：在山脉两侧，气候可以出现极大差异，高大的山脉往往成为气候的分界线。大抵与纬线平行的山脉以山南山北气温的悬殊为主。与海岸平行的山脉，以沿海内陆雨量的悬殊为主。就整个气候来讲，无论山脉的走向如何，只要高度足以阻碍盛行气流的运行，就会对两侧的气温、降水及其

**广角镜**

**我国有热带吗**

中国不仅有热带，而且种类还很多，分别为：

1. 边沿热带：台湾南部地区；海南中北部与雷州半岛山地丘陵；云南南沿谷地丘陵。

2. 中热带：海南南部低地与东沙、中沙、西沙群岛。

3. 赤道热带：南沙群岛。

他气候要素产生影响，成为气候的障壁，而世界气候区的划分也往往以高耸的地形为界。中国著名的南岭，它是由一系列东西走向的山地组成，北来冷气团常常受阻于岭北，以 1 月平均气温为例，岭南曲江为 10.7℃，岭北的坪石为 7.5℃，二者相差 3℃；前者冬季很少下雪，后者冬季常常下雪。这样，南岭以南可以发展某些热带作物，具有热带性环境；南岭以北热带作物不能越冬，具有亚热带环境。

（2）对降水的影响：山地降水一般是随着高度增加而增多。特别是一些不太高的山区，山脚下与山顶的降水量有明显的差别。

这主要有三个原因。第一个是山地上气温低，水汽容易达到饱和，凝结为雨。第二个是空气与较高地方的寒冷地面相接触，容易冷却致雨。第三个是暖湿气流遇到山地，被迫沿山坡上升，由于绝热冷却，水汽容易凝结致雨。

山地降水随高度的增加，只发生在一定限度以内，超过了这一限度，空气湿度减少，降水量就随高度增高而减少。这个限度的高度，就称为“最大降水带”。“最大降水带”决定于地理环境、季节和其他条件，它随时随地不同。例如，喜马拉雅山上这一限度在 1000 ~ 1500 米。

## ◎ 冰雪覆盖对气候的影响

冰雪覆盖是气候系统的组成部分之一，海冰、大陆冰原、高山冰川和季节性积雪等，由于它们的辐射性质和其他热力性质与海洋和无冰雪覆盖的陆地迥然不同，形成一种特殊性质的下垫面，它们不仅影响其所在地的气候，而且还能对另一洲、另一半球的大气环流、气温和降水等产生显著的影响。在气候形成中冰雪覆盖是一个不可忽视的因子。

地球上各种形式水的总量估计为 $1384 \times 10^6$ 立方千米，其中 97.4% 是海水；0.0009% 是大气中的水汽；0.5% 是地下水，大部分处在深处；0.1% 在江湖中，另外 2% 是冻结的。就淡水来讲，其中 80% 是以冰和雪的形式存在的。

南极冰原是世界上最大的大陆冰原，体积达 $28.6 \times 10^6$ 立方千米。目前南极大陆上只有1.4%的地区是无冰的，如果覆盖这个高原大陆的冰原全部融化了，那么，世界大洋的海平面要抬升65米。冰原上的降水多以固态形式落下，液态很少。

海冰覆盖的面积变化较大，在海冰覆盖面积最小时，其面积和终年不化的陆地冰覆盖面积是大致相同的；而当它的覆盖面积最大时，则约为终年不化的陆地冰的两倍。

> 趣味点击　南极竟是最干燥的大陆
>
> 不同于撒哈拉大沙漠高温少雨的典型热带沙漠气候，南极大陆的干旱却是因为低温寒冷造成的。据观测记录，整个南极大陆的年平均降水量只有55毫米。南极大陆由于覆盖广袤的冰原，它的上空常年为高压冷气团控制，从海洋上吹来的暖湿气流根本无法进入南极内陆，降水的机会非常少。南极点附近只有5毫米，几乎没有降水现象。

全球冰雪覆盖面积在一年中的季节变化非常明显，就北半球而论，以1月份冰雪覆盖面积为最大，2～3月份变动不大，到了4月份大陆冰雪覆盖面积显著退缩，但海冰却向南推进甚远，此后由于太阳辐射增强，冰雪面积逐月减少，到9月初达到全年最低值。南半球相反，9、10月份冰雪覆盖面积达到全年最高值，2月份出现最低值。由于北半球冰雪覆盖面积比南半球大，全球冰雪面积的季节变化也以1月份为最大，8月份为最小，9月份接近全年最小值。

雪被冰盖是大气的冷源，它不仅使冰雪覆盖地区的气温降低，而且通过大气环流的作用，可使远方的气温下降。由于冰雪覆盖面积的季节变化，使全球的平均气温也发生相应的季节变化。冰雪表面的致冷效应是由于：

（1）冰雪表面的辐射性质不同于其他下垫面对太阳的辐射，它对太阳短波辐射的反射率很大，能够吸收的太阳辐射能小，再加上冰雪表面的长波辐射能力很强，几乎与黑体完全一样，这就使得冰雪表面的有效辐射在相同温度条件下要比其他的下垫面大。

白雪皑皑的南极大陆

(2) 冰雪表面与大气间的能量交换和水分交换能力很微弱。冰雪对太阳辐射率和导热率都很小。当冰雪层厚度达到50厘米时，地表和大气之间的热量交换基本上被切断，因此大气就得不到地表的热量输送。冰雪表面的饱和水汽压比同温度的水面低，冰雪供给空气的水分甚少。于是空气反而向冰雪表面输送热量和水分，所以冰雪不仅有使空气制冷的作用，还有致干的作用。冰雪表面上形成的气团冷而干，其长波辐射能因空气中缺乏水汽而大量逸散到宇宙空间，大气逆辐射微弱，冰雪表面上有效辐射失热更难以得到补偿。

(3) 当太阳高度角增大，太阳辐射增强时，融冰化雪还需要消耗大量热能。在春季无风的天气下，溶雪地区的气温往往比附近无积雪覆盖区的气温低数十度。

冰雪覆盖的致冷效应，使地面出现冷高压，而高层等压面降低，出现冷旋涡。由于冰雪覆盖面积的年际变化，随之气压场和大气环流也产生相应的变化。在冰雪覆盖面积变化特别显著的年份，往往会出现气温和降水异常现象，这种异常可影响到相当遥远的地方。

## ◎气候和天气的区别

地球大气经常在运动和变化着，因此人们看到的天气现象总是处在千变万化之中。有时晴空万里、风和日丽，有时浓云密布、风狂雨骤，具有瞬息万变的特征。天气就是指一个地方在短时间内气温、气压、温度等气象要素及其所引起的风、云、雨等大气现象的综合状况。

气候是指某一地区多年的和特殊的年份偶然出现的天气状况的综合。气候和天气有密切关系：天气是气候的基础，气候是对天气的概括。一个地方的气候特征是通过该地区各气象要素（气温、湿度、降水、风等）的多年平均值及特殊年份的极端值反映出来的。例如，北京的气候：1 月份平均气温是 -4.7℃，7 月份平均气温是 26.1℃，最低气温记录是 -22.8℃（1951 年 1 月 13 日），最高气温记录是 42.6℃（1942 年 6 月 15 日）；年平均降水量 636.8 毫米，夏季（6～8 月）降水量占全年降水量的 74%。概括说来，北京的气候特征是：冬季寒冷干燥，夏季高温多雨。

## 气候带和气候型

### ◎气候带

气象学家根据地球各纬度气候的特点，把地球上的气候分布划分为若干个气候带。所谓气候带，就是环绕着地球的带状分布的气候区域。在这个地带内，由于辐射平衡、温度、蒸发、降水、气压和风等，都表现出一种地带性特征，而且气候的最基本特征是一致的，它们结合起来，明显地反映出气候的地带性。而引起气候地带性的原动力是太阳辐射，太阳辐射在地表是按地理纬度分布的，因此，古代的希腊学者根据纬度把全球的气候带分为 5 个气候带：热带、北温带、南温带、北寒带、南寒带。它们的界线是以南、北回归线和南、北极圈划分的。这种划分法，使气候带与纬度平行，并呈十分规律的环绕地球的带状分布区域。这就是“天文气候带”。

天文气候带是实际气候带的基础，与实际的气候带基本相符。但由于海陆交界的地区，或在地势高低变化大的地区，气候带表现的就不那么明显，甚至还有偏离或间断的现象。这说明地球上气候带的分布是随着各个地区的条件而变化的。低纬地区大部分是海洋，下垫面比较均匀，所以气候带在低纬

> **广角镜**
>
> **热带雨林的分布特点**
>
> 热带雨林主要分布于赤道南北纬 5℃ ~ 10℃以内的热带气候地区。这里全年高温多雨，无明显的季节区别，年平均温度 25℃ ~ 30℃，最冷月的平均温度也在 18℃以上，极端最高温度多数在 36℃ 以下。年降水量通常超过 2000 毫米 ，有的竟达 6000 毫米 ，全年雨量分布均匀，常年湿润，空气相对湿度 95 % 以上。

地区表现得最明显。比如，热带雨林、热带干湿季气候、热带干旱气候等地带性分布明显，这主要是由于热带地区下垫面相对来说比较均匀。在高纬地区，地面主要被冰雪覆盖或大部分时间被冰雪覆盖，地面性质相对来说也比较均匀，所以在高纬地区，气候带的分布也比较明显。但是，在中纬地区，由于陆地面积相对增大，而且海陆交错分布，地势也非常复杂，有大的山脉、高原，也有低的盆地、平原，这就造成了中纬度地区地带性分布不很明显，往往发生间断、分裂，甚至偏离和消失。所以，地带性分布在不同纬度，由于条件不同，所表现出的形式也不完全一样。

## ◎ 气候型

从世界气候图上，我们还发现，地球上很多地区的气候是相类似的，虽然两个地区不连续，不在一个地方，但是气候却是相似的，在相似的条件下可以产生相似的气候。比如地中海式气候，反映了特有条件下形成的特性，即我们所说的副热带夏干气候，但这种气候不仅出

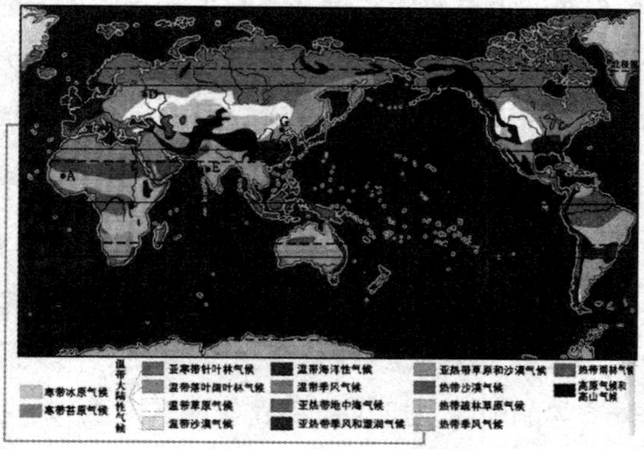


世界气候型分布

现在地中海地区，也出现在与地中海相类似条件的其他地区，所以地中海气候在北半球有，在南半球也有，在欧洲大陆有，在美洲大陆也有。这许多地区的气候本质属性基本相似，不是相同，我们把这些相似的气候归为一个类型，叫同一气候型。气候带是连续的，而气候型是不连续的。我们根据地球上气候带中各地区的热量和水分分布的状况，又将全世界分为两个基本的气候型。

在地球上，比气候带次一级的气候单位是气候型。气候型是由于自然地理环境差异引起的，在地球上不呈带状分布。在一个气候带内，根据气候的各种特征差异，可以划分出几种气候型，同样的气候型也可以分布在不同的气候带内。例如，海洋性气候就有温带海洋性气候和热带海洋性气候。沙漠气候也分布在热带、副热带和温带。

**拓展阅读**

**地中海**

地中海被北面的欧洲大陆，南面的非洲大陆和东面的亚洲大陆包围着，东西共长约4000千米，南北最宽处大约为1800千米，是世界最大的陆间海。地中海以亚平宁半岛、西西里岛和突尼斯之间突尼斯海峡为界，分东、西两部分。地中海是世界上最古老的海，历史比大西洋还要古老。

气候型有很多种，大陆性气候和海洋性气候是两种最基本的气候型，其他气候型都可以从这两种型演变而来。例如，海岸气候就是大陆性气候与海洋性气候的过渡型；季风气候则是大陆性气候与海洋性气候的混合型；沙漠气候是大陆性气候的极端情况；草原气候则是大陆性气候到沙漠气候的过渡情况；山地气候虽然成因和特点都比较特殊，但是它的特点也可以从大陆性气候和海洋性气候的类比中得到。

## ◎低纬度气候带及其气候型

低纬度的气候主要受赤道气团和热带气团所控制。全年地、气系统的辐射差额是入超的，因此气温全年皆高，最冷月平均气温在15℃～18℃以上。影响气候的主要环流系统有赤道气流辐合带、沃克环流、信风、赤道西风、热带气旋和副热带高压，有的年份会出现厄尔尼诺现象。由于上述环流系统的季节移动，导致降水量的季节变化，在厄尔尼诺现象出现时，引起降水分布的明显异常，全年可能蒸散量在1300毫米以上。本带可分为5个气候型：

（1）赤道多雨气候：位于赤道及其两侧，大约向南、向北伸展到5°～10°左右，各地宽窄不一，主要分布在非洲扎伊尔河流域、南美亚马孙河流域和亚洲与大洋洲间的从苏门答腊岛到伊里安岛一带。典型台站是秘鲁的伊基托斯。这里全年正午太阳高度角都很大，因此长夏无冬，各月平均气温在25℃～28℃，年平均气温在26℃左右。绝对最高气温很少超过38℃，绝对最低气温也极少在18℃以下；气温年较差一般小于3℃，日较差可达6℃～12℃，全年多雨，无干季，年水量在2000毫米以上，最少月在60毫米以上。

赤道多雨气候风光

全年皆在赤道气团控制下，风力微弱，以辐合上升气流为主，多雷阵雨，天气变化单调，降水量的年际变化很大。这与赤道辐合带位置的变动有关，例如新加坡平均年降水量为2282毫米，最湿年（4031毫米）相当于最干年（831毫米）的近5倍。由于全年高温多雨，各月平均降水量皆大于可能蒸散量，土壤储水量皆达最大值（300毫米），适宜赤道雨林生长。

（2）热带海洋性气候：出现在南北纬10°～25°信风带大陆东岸及热带海洋中的若干岛屿上，如加勒比海沿岸及诸岛、巴西高原东侧沿海、马达加斯加东岸、夏威夷群岛等。典型台站是哈瓦那，这里正当迎风海岸，全年盛行热带海洋气团，气候具有海洋性，最热月平均气温在28℃上下，最冷月平均气温在18℃～25℃间，气温年较差、日较差皆小，如哈瓦拉年较差仅5.6℃，年降水量在1000毫米以上，一般以5～10月较集中，无明显干季，除对流雨、热带气旋雨外，沿海迎风坡还多地形雨。

（3）热带干湿季气候：出现在纬度5°～15°左右，也有达25°左右的，主要分布在上述纬度的中美、南美和非洲。

（4）热带季风气候：出现在纬度10°到回归线附近的亚洲大陆东南部，如中国台湾南部、雷州半岛和海南岛，中南半岛，印度半岛大部，菲律宾，澳大利亚北部沿海等地。

（5）热带干旱与半干旱气候：出现在副热带及信风带的大陆中心和大陆西岸。在南、北半球各约以回归线为中心向南北伸展，平均位置在纬度15°～25°。

**知识小链接**

### 气温年较差和日较差

一年中最高月平均气温与最低月平均气温之差，称为气温年较差。气温年较差是划分气候类型的重要依据。气温年较差的大小因纬度、海陆分布、地形等而异。

一日内，气温观测记录的最大值与最小值之差，称为气温日较差，亦称气温日振幅。其大小和纬度、季节、下垫面性质与天气状况有关。

## ◎中纬度气候带及其气候型

（1）副热带干旱与半干旱气候：该气候型位于热带，在热带干旱气候向高纬度的一侧，约在南北纬25°～35°的大陆西岸和内陆地区。它也是在副热带高压下沉气流和信风带背岸风的作用下形成的。

（2）副热带季风气候：位于副热带亚欧大陆东岸，约以30°N为中心，向南北各伸展5°左右。它是热带海洋气团与极地大陆气团交汇角逐的地带，夏秋间又受热带气旋活动的影响。

（3）副热带湿润气候：位于南北美洲、非洲和澳大利亚大陆副热带东岸。由于所处大陆面积小，未形成季风气候，这里冬夏温差比季风区小，一年中降水分配比季风区均匀。

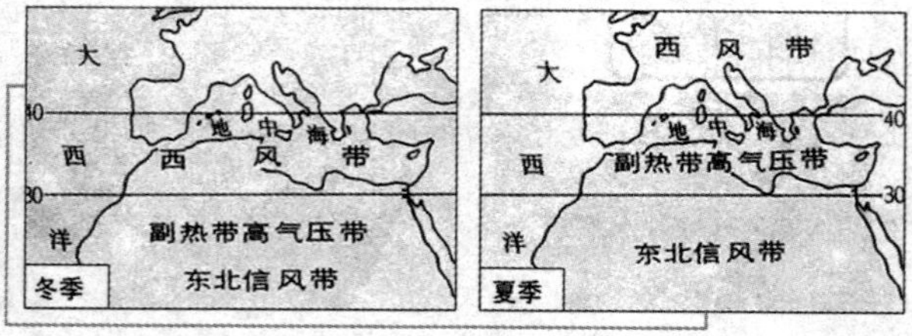


地中海气候成因图

（4）副热带夏干气候（地中海气候）：该带位于副热带大陆西岸，纬度30°～40°S之间的地带，包括地中海沿岸、美国加利福尼亚州沿岸、南非和澳大利亚南端。这里受副热带高压季节移动的影响，在夏季正位于副高中心范围之内或在其东缘，气流是下沉的，因此干燥少雨，日照强烈。冬季副高移向较低纬度，这里受极锋影响，锋面气旋活动频繁，带来大量降水。全年降水量为300～1000毫米。冬季气温比较暖和，最冷月平均气温为4℃～10℃。

（5）温带海洋性气候：分布在温带大陆西岸，纬度约在40°～60°N，包括欧洲西部、阿拉斯加南部、加拿大的哥伦比亚、美国华盛顿和俄勒冈两州、南美洲40°～60°S西岸、澳大利亚的东南角，包括塔斯马尼亚岛和新西兰等地。这些地区终年盛行西风，受温带海洋气团控制，沿岸有暖洋流经过。冬暖夏凉，最冷月气温在0℃以上。

（6）温带季风气候：出现在亚欧大陆东岸纬度35°～55°N地带，包括中国的华北和东北，朝鲜大部，日本北部及俄罗斯远东部分地区。冬季盛行偏北风，寒冷干燥，最冷月平均气温在0℃以下，南北气温差别大。夏季盛行东南风，温暖湿润，最热月平均气温在20℃以上，南北温差小。气温年较差比较大，全年降水量集中于夏季，降水分布由南向北，由沿海向内陆减少。天气的非周期性变化显著，冬季寒潮爆发时，气温在24小时内可下降10℃多甚至20℃多。

（7）温带大陆性气候：主要分布在亚欧大陆海大陆 100°W 以东 40°～60°N 之间的地区。气温、降水和温带季风气候类似，但风向、风力季节变化不明显。冬季不太寒冷，冬季多雨；夏季有对流雨但不十分集中。

（8）温带干旱半干旱气候：主要分布在 35°～50°N 的亚洲和北美大陆中心地带，南美阿根廷和大西洋沿岸巴塔哥尼亚。

## ◎高纬度气候带及其气候型

高纬度气候带分布在极圈附近，盛行极地气团和冰洋气团。低温无夏是该气候带的最显著特征。降水虽少，但蒸发较弱，冻土发育。高纬度气候带可以分为 3 种气候型：

（1）副极地大陆性气候。主要出现于北半球高纬度地区，约 50°～65°N 呈连续带状分布。作为极地大陆气团的源地，终年受极地海洋气团和极地大陆气团控制。冬季漫长而严寒，至少有 9 个月；暖季短促。年降水量较少，并集中于夏季。

（2）极地冰原气候。出现于格陵兰、南极大陆冰冻高原和北冰洋中靠近北极的岛屿上。

冰原气候的代表格陵兰岛的地理位置

（3）极地长寒气候（苔原气候）。主要分布在亚欧大陆和北美大陆北部边缘，格陵兰沿海地带和北冰洋中的若干岛屿上。那里全年皆冬，一年中只有 1～4 个月平均气温在0～10℃之间。降水量一般为200～300 毫米。蒸发微弱。植被为苔藓、地衣和小灌木等，构成苔原景观。

气候系统

基本小知识

### 苔 原

苔原也叫冻原，是生长在寒冷的永久冻土上的生物群落，是一种极端环境下的生物群落。苔原植物多为多年生的常绿植物，可以充分利用短暂的营养期，而不必费时生长新叶和完成整个生命周期，但短暂的营养期使苔原植物生长非常缓慢。

### ◎ 高地气候带

高地气候主要出现在约55°S～70°N的大陆高山高原地区。自山麓到山顶各气候要素发生规律性变化，表现出明显的气候垂直地带性。各气象要素的垂直变化导致不同高度上具有不同的水热组合，从而形成不同的高地气候。

## 大陆性气候和海洋性气候

### ◎ 大陆性气候及其特点

大陆性气候通常指处于中纬度大陆腹地的气候，一般也就是指温带大陆性气候。在大陆内部，海洋的影响很弱，大陆性显著。内陆沙漠是典型的大陆性气候地区。草原和沙漠是典型的大陆性气候自然景观。大陆度是表示大陆性气候明显程度的一个指数。

大陆性气候是地球上一种最基本的气候型。其总的特点是受大陆影响大，受海洋影响小。在大陆性气候条件下，太阳辐射和地面辐射都很大。所以夏季温度很高，气压很低，非常炎热，且湿度较大。冬季受冷高压控制，温度很低，也很干燥。冬冷夏热，使气温年变化很大，在一天内也有很大的日变化，气温年、日较差都超过海洋性气候。春季气温高于秋季气温，全年最高、最低气温出现在夏至或冬至后不久。

大陆性气候最显著的特征，是气温年较差或气温日较差很大。在气温的年变化中，最暖月和最冷月分别出现在 7 月和 1 月（南半球分别在 1 月和 7 月）。春季升温快，秋季降温也快，一般春温高于秋温。在日变化中，最高温度出现的时间较早，通常在 13～14 时；最低气温一般出现在拂晓前后。大陆性气候的另一重要特征是降水量少，且降水季节和地区分布不均匀。大陆性气候影响下的地区，一般为干旱和半干旱地区，降水量一般不到 400 毫米，甚至在 50 毫米以下。

亚洲陆地面积广大，内地距海遥远，大陆轮廓完整，又缺乏伸入内地的海湾；同时本洲又是位于亚欧大陆的东部，削弱了西风环流和大西洋暖湿气流对亚洲气候的影响。根据纬度愈高和距海洋愈远气温年较差愈大的原理，亚洲广大的内陆和高纬地区的气候与其他大陆同纬地区相比，具有强烈的大陆性。维尔霍扬斯克—奥伊米亚康地区，地处高纬，冬季受热很少，又位于亚洲的东北部，很难受到西风暖流的影响。从环流因素上讲，冬季这里是处在强大的反气旋控制下，剧烈的冷却作用而引起低温；而这里向北倾斜的盆地和洼地地形，更有利于冷空气的集中和反气旋的发展。因此，使这里成为北半球最寒冷和世界上气温年较差最大的地区。

**拓展阅读**

### 亚洲名称的由来

亚洲全称是亚细亚洲，其英文名为 Asia，相传是由古代腓尼基人所起。频繁的海上活动，要求腓尼基人必须确定方位。所以，他们把爱琴海以东的地区泛称为“Asu”，意即“日出地”；而把爱琴海以西的地方则泛称为“Ereb”，意为“日没地”。Asia 一词是由 Asu 演化来的。到公元前 1 世纪 Asia 已成为罗马帝国的一个行政省的名称，以后逐渐扩大，最终成为一个世界最大的洲名。

## ◎海洋性气候及其特点

与大陆性气候相对的气候型是海洋性气候。海洋性气候是海洋邻近区域的气候。如海岛或盛行风来自海洋的大陆部分地区的气候。由于海洋巨大水体作用所形成的气候，包括海洋面或岛屿以及盛行气流来自海洋的大陆近海部分的气候。

海洋性气候的主要特点和大陆性气候相比，不仅气温的年变化和日变化小，而且极值温度出现的时间也比大陆性气候地区迟；降水量的季节分配较均匀，降水日数多、强度小；云雾频数多，湿度高。在温度年变化方面，春季冷于秋季，是海洋性气候的一个明显标志。最暖月出现在 8 月，甚至延至 9 月；最冷月为 2 月，在高纬度地区推迟到 3 月。人们通常把西北欧沿海地区作为大陆上海洋性气候的典型。

海洋性气候是地球上最基本的气候型。总的特点是受大陆影响小，受海洋影响大。在海洋性气候条件下，气温的年、日变化都比较和缓，年较差和日较差都比大陆性气候小。春季气温低于秋季气温。全年最高、最低气温出现时间比大陆性气候的时间晚；最热月在 8 月，最冷月在 2 月。

在海洋性气候条件下，气候终年潮湿，年平均降水量比大陆性气候多；而且季节分配比较均匀。降水量比较稳定，年与年之间变化不大。四季湿度都很大，多云雾，天气阴沉，难得晴天，少见阳光。

温和、多云、湿润的海洋性气候，给人们以舒适的感觉，其实这种气候对植物生长并不有利。19 世纪末就有人发现，在欧洲，海洋性气候条件下生长的小麦，蛋白质含量小，至多只有 4% ~8% 。随着深入大陆，到俄罗斯的欧洲部分，小麦的蛋白质含量增高达 9% ~12% ，在比较干燥炎热的地区，小麦的蛋白质含量增高到 18% ，甚至在 20% 以上。苏联科学家证明：一个地区的气候大陆性越强，小麦的蛋白质含量也就越高。在气候温凉潮湿的地方，小麦的淀粉含量增加，而蛋白质含量却降低。人们为了补充蛋白质的不足，只好借助于肉类，但是又带来脂肪过多的缺点。可见，海洋性气候对农业并不很有利。其实在海洋性气候条件下生活，气候虽然温和，但是阴沉多雨的天气，并不利于人类精神和情绪的发展。

**知识小链接**

### 世界小麦的分布

北半球主要有4个产区：西欧平原—中欧平原、东欧平原南部—西西伯利亚平原南部；中国东北平原—华北平原—长江中下游平原；地中海沿岸—土耳其、伊朗—印度河与恒河平原；北美中部大平原。四个小麦带占世界小麦产量的90%以上。

南半球主要分布区：南非、澳大利亚南部、南美的潘帕斯草原等地。

## ◎ 是什么造成了两种气候的差异

为什么大陆性气候和海洋性气候之间会这么大的区别呢？这是因为地表面性质的不同。海洋和陆地的物理性质有很大差异，在同样的太阳辐射下，它们增温和散热的情况大不相同。海水吸收热量的本领要比陆地强得多，辐射到海洋上的太阳热量很少被反射回去，大部分被海水吸收，并通过海水的波动，把热量存贮在海洋内部。这样，即使在烈日炎炎的夏季，海洋里的温度也不会骤然升高。与同纬度的陆地相比，海洋里温度的变化要小得多。到了冬季，虽然太阳辐射减少了，但海洋里所贮存的大量热量开始稳定地释放出来，于是，海洋及其附近地域的温度比同纬度的其他陆地地区要高。因此，海洋犹如一个巨大的温度自动调节器，使附近地区的气温形成了冬暖夏凉的特点。

海洋性气候气温变化和缓，春天姗姗来迟，夏天消退也较慢，春天的气温一般低于秋季的气温。相反，大陆性气候气温变化剧烈，春来早，夏去也早，春温高于秋温。受海洋气团和暖湿气流的影响，海洋性气候年降水量多，一年中降水的季节分配比较均匀，且以冬季降水较多；大陆性气候年降水量少，一年中降水的季节分配不均匀，且以夏季降水为最多。

# 中国的气候

中国位于世界最大的大陆——欧亚大陆的东南部，濒临世界最大的海洋——太平洋。由于海陆之间热力差异而造成的季风气候特别显著。中国幅员十分辽阔，南北跨 50 多个纬度，东西越 60 多个经度，从赤道带到寒温带，从热带雨林到沙漠景观都有。加之中国地形复杂，高差悬殊：青藏高原号称世界屋脊，吐鲁番盆地又深陷海平面以下。因此，中国的气候类型多种多样，气候资源优越丰富。

## ◎显著的季风特色

你知道吗

**什么是海底气候**

海底气候是海洋性气候的一个分类，一般发生在海平面几千米以下，是一种类似于大陆气候一样具有时间变化和地域变化的气候，同时对海洋性气候有重要的影响，特别是海底火山和断崖所形成的海啸等恶劣气候。

由于大陆和海洋热容量的差异，夏季大陆热于海洋，冬季则又冷于海洋。海陆的冷热变化影响了它上空的大气温度和压力的变化。气温越低，空气密度越大，气压就越高。所以，冬季亚洲内陆形成一个冷性的高气压，东方和南方海洋上形成热性低气压；夏季的情况正好相反：大陆上形成热性低气压，而海洋上形成冷性高气压。好比水会从高处流向低处一样，高气压区的空气不断地流向低气压区，这就是中国冬季盛行偏北风，夏季盛行偏南风的主要原因。这种一年中风向发生规律性的季节更替现象，就称为季风。中国是世界上季风最为显著的国家之一。

冬季风来自中高纬度的亚洲内陆腹地，那里太阳斜射，黑夜漫长，热量收入少而支出多，空气十分寒冷干燥。这种冷空气积累到一定程度，在有利的高空大气环流形势引导下就会向南爆发，北风呼啸南下，所到之处气温急剧下降，这就是寒潮。每年冬季中国总有好几次大幅度降温的强寒潮出现，较弱的寒潮就更多了。在这种频频南下的寒潮影响下，中国大部分地区冬季普遍寒冷而干燥，成为世界同纬度上最冷的国家。例如，中国黑龙江省呼玛县与英国首都伦敦纬度相近，伦敦1月份平均气温为4℃左右，冬草长青，绿水常流，平均气温与中国上海、杭州地区相仿，而呼玛县1月份却冷到－29℃左右，遍地银装素裹，白雪皑皑，宛若极地风光。

夏季风分为东南和西南季风两种。东南季风来自太平洋，主要影响中国东部地区，西南季风来自印度洋和南海，主要影响西南和华南地区，但有时西南气流也可长驱北上到达华中和华北地区，引起那里的暴雨。

经过广阔洋面的夏季风，给中国大陆带来了丰沛的雨水，所以中国绝大部分地区的雨水集中在5～9月的夏半年里。例如，如果以30个省会的平均数值代表全国的话，那么夏季6～8月三个月的雨量占了年雨量的一半以上（53%），5～9月五个月的雨量占了年雨量的3/4；而冬季（12月～次年2月）三个月的雨量还不到年雨量的9%，10～4月七个月的雨量也只占年雨量的1/4。一般年份里，东南季风的前沿雨带（东南季风与大陆上北方冷空气之间的锋面雨带）于5月中旬在华南出现，6月中旬向北跃进到长江中下游地区，开始这里的梅雨季节。7月中旬，雨带第二次跳跃，迅速推进到淮河以北，使中国广大北方地区进入雨季盛期。8月下旬雨带开始返回南方，中国东部地区雨季迅速先后结束。中国各地雨季的早晚和正常与否，大都直

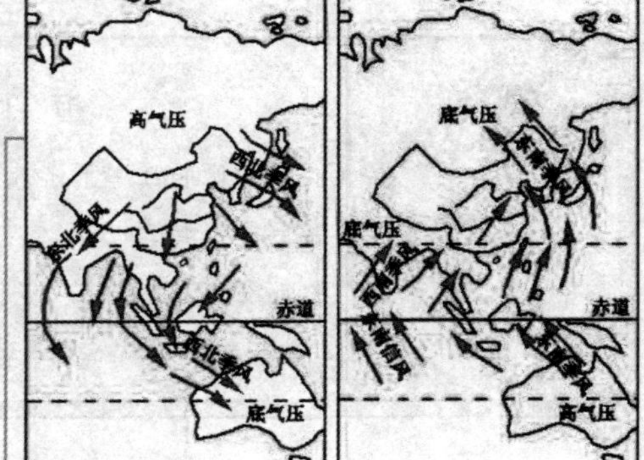

季风示意图

接与上述季风的进退有关，一旦季风规律反常，就会出现较大范围的旱涝灾害。例如1959年夏季，因为东南季风暖湿空气势力较强，它的前沿大雨带反常地迅速北上，使通常在初夏季节梅雨较多的长江中下游流域发生了干旱，持续达两个月之久，1978年也是类似情况。而1954年夏季正好相反，东南季风被北方冷空气所阻，一直到7月下旬，大雨带还停滞在江淮流域，因而长江中下游流域出现了百年未见的大水。

## ◎多种多样的气候类型

中国最北的黑龙江省漠河县漠河镇，位于北纬53°以北，属寒温带气候；而最南端的南海南沙群岛最南部距赤道还不到3个纬度，属赤道气候，南北气候相差悬殊。

冬季，中国广大北方地区，千里冰封，万里雪飘，一派壮丽的北国风光。1月平均气温黑龙江最北部冷到－30℃左右，而两广、海南和福建省中南部地区平均气温却在10℃以上，树木花草终年长青，平原山区一片郁郁葱葱。海南岛、雷州半岛、台湾中南部和云南最南部地区更高达15℃～20℃以上，槟榔、椰树高插蓝天，随风摇曳，一片热带景象。南海诸岛最冷月多在22℃～26℃之间，更是中国终年皆夏的地方。

基本小知识

### 梅雨

梅雨，指中国长江中下游地区、台湾，日本中南部，韩国南部等地，每年6月中下旬至7月上半月之间持续天阴有雨的自然气候现象。由于梅雨发生的时段，正是江南梅子的成熟期，故中国人称这种气候现象为“梅雨”，这段时间也被称为“梅雨季节”。

夏季，全国风向普遍偏南，北方太阳高度虽比南方稍低，但日照时间却比南方长，所以南北气温差变小，全国气温普遍较高。南方广大地区7月份平均气温在28℃左右，而黑龙江大部地区温度也可达20℃以上。因此，松花江畔、珠江两岸，一样都有游泳季节。

中国东西相差 60 个经度以上，西北内陆距海有数千千米之遥，加上重重山脉阻隔，所以，从东部太平洋上吹来的湿润东南季风已鞭长莫及，从南部印度洋上吹来的西南季风又受阻于喜马拉雅山脉和青藏高原，使这里成为中国雨量最少的地区。塔里木、柴达木和吐鲁番盆地等年雨量都在 20 毫米以下，沙漠中间甚至终年无雨。农业主要依靠高山冰雪融水和挖坎儿井引地下水灌溉。块块绿洲像串串珍珠般分布在盆地的边缘地区，成为沙漠干旱地区中最为富饶和人口最为密集的地方。

中国的年雨量从西北地区向东、向南逐渐增加。起自东北大兴安岭、止于西藏西南边境的 400 毫米等年雨量线，大致把中国分成西北和东南两半。东北长白山区年雨量可以多到 800 ~ 1000 毫米，是中国北方雨量最多的地方，汉水、淮河以南大都在 1000 毫米以上，东南沿海、台湾、海南岛的许多地方雨量还超过了 2000 毫米。中印边境东段有些地区年雨量在 4000 毫米左右，是中国大陆上雨量最多的地方。台湾的火烧寮平均年雨量达到 6600 毫米，是中国平均年雨量的冠军。

此外，地形和海拔高度对气候也有重大影响。一般说来，海拔每升高 1000 米，平均气温就要下降 5℃左右（夏季大些，冬季小些）。中国青藏高原大部分地区海拔四五千米以上，这里的气温就是盛夏 7 月，很多地区平均也不到 10℃，经夏霜雪不绝，寒气袭人，而同纬度的东部长江中下游平原地区却正是夏日炎炎、流汗难眠的伏旱天气，平均气温高达 29℃左右，对比十分鲜明。云贵高原海拔比青藏高原低，大致在 1000 ~ 3000 米，纬度也比青藏高原偏南，且东有乌蒙山等高大山脉阻滞东亚冷空气入侵，因而这里冬无严寒，夏无酷暑，气候比较温和。特别是海拔约 1500 米的云南中南部许多地区，更是冬暖夏凉，四季如春，昆明素有“春城”之誉。

中国的寒潮冷空气主要来自北方，因此东西走向的高大山脉，便能阻滞冷空气南下，使山南山北冬季温差加大，甚至成为两个气候区域。例如天山成为中国中温带和暖温带的分界线，秦岭则成为暖温带和亚热带的分界线。

四季如春的昆明

就是低矮的南岭山脉，岭南岭北的温差也是很大的，古咏庾岭（在广东、江西之间，属南岭山脉）梅诗“南枝向暖北枝寒，一种春风有两般”（枝指梅树，南指岭南，北指岭北），说的正是这个意思。四川盆地也是由于四周有高山围绕，盆地内冬季十分温暖，1 月平均气温比东部同纬度高出 3℃ ~4℃，所以，即使隆冬季节，亦遍地青绿，霜雪少见，几乎全年都是生长期，因此物产丰富，素有“天府之国”的称号。

山脉对于雨量的影响也是极其显著的。一般说来，随着海拔高度的增加，年雨量和雨日都逐渐增加。因此，天山北坡、祁连山北坡和阿尔泰山西南坡，山麓是荒漠，而山腰都有森林环绕。再如，长江中下游地区的山麓平地夏季有伏旱现象，但千米以上高山降水却很丰富。山脉对降水的另一重要影响，是迎风坡雨量比背风坡要多得多。例如面迎东南季风的长白山脉东南侧的宽甸县（丹东附近），年雨量高达 1201. 6 毫米，而背风侧的沈阳只有 755. 5 毫米；太行山迎风东坡麓的石家庄年雨量 599. 0 毫米，而背风侧的太原只有 466. 6 毫米；喜马拉雅山南麓中印边境东段，因为面迎潮湿的西南季风，年雨量高达 2000 ~3000 毫米以上，但翻过喜马拉雅山脉，进入背风的雅鲁藏布江谷地，就剧减到 400 毫米以下。全国最多雨的台湾火烧寮也正是面迎冬半年从东海上吹来的潮湿的东北季风的结果。

所以，如果归纳一下中国的冷热和雨旱的气候类型，那么从温度方面来说，青藏高原 4500 米左右以上地区四季常冬（按中国习惯，以五天平均气温≤10℃为冬，≥22℃为夏，10℃ ~22℃为春秋季），南海诸岛终年皆夏；东北大小兴安岭地区长冬无夏，春秋相连；岭南两广则是长夏无冬，秋去春来；云南中南部地区四季如春。而其余广大地区则冬冷夏热，四季分明。

从雨旱方面来说，西北地区全年红日普照大地，而川黔许多地区则是“天无三日晴”的阴雨连绵天气，江南地区春雨伏旱，东北、华北和西南大面积地区则是春旱夏（秋）雨；台湾北端又是中国唯一冬季最多雨的地方。中国气候类型之丰富多彩，于此可见一斑。

**知识小链接**

**伏旱的危害**

在伏天时期出现的干旱，称为伏（夏）旱，属于季风区灾害性气候。主要发生在中国长江流域及江南地区特别是湖北、湖南、江西、江苏、安徽等省。伏旱对农业生产有很大影响，同时还影响工矿业用水、生活用水和航运事业；也因干热缺水，引发疾病，危害人、畜健康。

## ◎优越丰富的气候资源

既然中国冬冷夏热，冬干夏雨，气温变化比较极端，雨水季节分布又不均匀，那么，为什么还说气候资源优越丰富呢？

当然，冬冷对农业确有其不利的一面。比如冬季长了，植物的生长期要缩短；冬季冷了，作物越冬会更加困难。但是与冬冷相对立的夏热，却是十分有利的农业气候资源。例如，东北北部 7 月份平均气温要比同纬度平均偏高 4℃左右，西北干旱地区偏高更多。正是这可贵的夏热，使得中国北方广大地区大都能够普遍种植喜热的水稻、玉米和棉花等高产粮棉作物，其分布之广，世界罕见。

冬干夏雨（在长江中下游地区是冬少雨夏多雨）的气候特点也有它巨大的有利方面。冬干对农业生产影响不大，因为中国冬季中，作物或已收割，或者停止生长（越冬），就是正在生长的作物，因为冬冷，一般也并不需要许

吐鲁番的葡萄沟

多水分。可是冬季风转化而成的夏季风，却给作物在旺盛生长、最需要水分的季节里带来了丰沛的雨水。这种雨热同季、水热共济的现象，是中国农业生产十分有利的气候条件。古诗说的“季风之时兮，可以阜吾民之财兮”，正是雨热同季可以使作物高产丰收、增加人民财富的意思。可是，在世界其他地区相当于长江以南的纬度（约30°～15°）上，由于高空有副热带高气压的控制，大都是干旱沙漠地区，例如撒哈拉沙漠，阿拉伯沙漠，印度西北部的塔尔沙漠，澳大利亚沙漠，南非卡拉哈里沙漠等。可见，冬季风虽然给中国带来了同纬度上严寒和干燥的气候，但夏季风却使中国广大南方地区成为一个青山绿水、鱼米之乡的大绿洲。冬冷夏热、冬干夏雨，这个大陆性季风气候的优越性在这里展示得十分清楚。

当然，也应指出，就是干旱气候条件，也并非绝对坏事。中国西北地区光照充足，热量丰富，太阳辐射强，昼夜温差大，这些也正是农作物高产的必要条件。因此，只要解决灌溉问题，这些形成干旱的不利气候条件就会立刻走向反面，转化成为十分有利的气候条件：作物有光有热又有水，从而粮棉高产，瓜果甜美。例如，中国夏季最热的新疆吐鲁番盆地，那里长绒棉品质优良，特产无核葡萄干和哈密瓜都驰名中外。世界上凡有灌溉的沙漠干旱地区之所以都成为富饶的粮棉之仓，就是这个道理。

此外，号称世界屋脊的青藏高原，因为海拔较高，夏温较低，不能种植水稻、棉花等喜热作物。但是，事实证明，在一定高度以下，春小麦在柴达木盆地、冬小麦在西藏中南部都生长良好，并创造了中国的高产纪录。例如，柴达木春小麦亩产已达到500千克，而西藏冬小麦亩产也已突破了

400 千克。

由于气候类型的多种多样，丰富了中国的动植物资源。中国种子植物达 3 万种以上，食用植物有 2000 多种，树木有 2800 多种，从热带雨林到寒温带针叶林均有；中国陆栖脊椎动物已知的已达 1800 多种。此外，中草药和贵重药材，棉花、大豆、油菜、甜菜、甘蔗、油桐、茶叶以及橡胶、咖啡、油棕、剑麻、可可、胡椒等适应不同气候的经济作物均可种植。中国品种繁多的动植物资源，不仅为农、林、牧、副、渔各业的发展提供了有利的条件，同时也为工业化提供了多种多样的原料和粮食；并有大量产品外销，有力地支持了社会主义建设和满足人民的广泛需要。

广角镜

**人的活动与药用植物的分布**

药用植物的分布，除了决定于气候及地理因素外，人的生产活动起着重要作用。由于人们对自然条件的改造和引种栽培事业的发展，药用植物的自然分布界限正在被打破，例如生地、红花历来是在河南省及少数省份生产，现在全国绝大多数省区都有栽培。东北人参引种到四川、湖北、陕西、云南等省。这些有力地说明了人的因素在控制自然方面的巨大能动作用。

## ◎ 中国的建筑热工能耗

在人类聚居比较集中的主要气候类型之间相比较而言，大陆性气候的自然舒适度比较低。由于中国的大陆性特征在全球中表现得最为明显，导致中国相当大的区域包括三北地区以及长江流域等地区的采暖度日数或空调度日数都很高。在中国五个建筑热工气候区中除面积极小的温和地区（主要分布于云南、广西）外，建筑一般都有采暖或空调的要求，另有相当部分地区夏热冬冷地区北部和寒冷地区大部分既有冬季采暖要求，又有夏季制冷降温要求。这就导致中国的建筑热工能耗（包括采暖和制冷能耗）占建筑总能耗的绝大部分，且远远超过世界平均水平。

采暖度日数是指室外日平均气温与采暖基准温度之差值与天数乘积之和，

凡平均温度低于基准温度的均计入采暖度日数。国际上通常采用18℃为基准采暖温度。空调度日数由采暖度日数的概念引申而来。

以长江中下游流域为例，冬季湿冷，夏季闷热，且气温日较差小。夏季气温高于35℃的酷热天数有15～25天，最热极端温度高达44℃，最热月室内平均自然室温比室外平均气温高1℃～2℃，而且静风率高，空气湿度高达80%，高温下的高湿度使人感觉闷热，大大降低夏季的气候舒适度，从而降低空调启用的起始温度，增加制冷能耗。同时，长江流域大部分地区冬季气温低于5℃的天数多达60～70天以上，最冷月极端气温可低于－18℃，且日照率低，室内自然温度日平均值仅比室外高出2℃～3℃，加之湿度高，导致这一地区虽然按照中国现行的热工设计规范不在采暖区域之内，但由于冬季阴冷潮湿，为了改善室内热舒适环境，人们纷纷自行采取多种采暖措施，如电红外线取暖器、蜂窝煤取暖炉、家用空调等。尽管用户自行取暖，但由于建筑本身并未按采暖建筑设计建造，或者因体形系数大，或者因围护结构的保温隔热性能差，不仅难以达到理想的舒适水平，而且能源利用效率低，浪费严重。

## 世界第三极的气候

中国的西藏地处青藏高原，号称世界第三极。由于西藏高原奇特多样的地形地貌和高空空气环境以及天气系统的影响，形成了复杂多样的独特气候。除呈现西北严寒干燥、东南温暖湿润的总趋向外，还有多种多样的区域气候以及明显的垂直气候带。

### ◎空气稀薄的高原

青藏高原的空气稀薄，气压低，氧气少。海平面在0℃气温条件下，空气的密度是每立方米1292克，标准气压是1013.2毫克。平原地区空气密度与气压值与海平面相差无几。而位于西藏高原的拉萨市（海拔 3658 米），空气密度是每立方米 810 克，年平均气压 652 毫克，分别是平原地区的 62.64%和 64.35%，比平原地区少或低 1/3 强。平原地区氧气比较充足，每立方米空气中含氧气 250～260 克，西藏高原每立方米空气中只含氧气 150～170 克，夏季气温最低的地方，其中尤以藏北为最，夏季 7 月份气温大面积低于 8℃。

## ◎一日有“四季”



从温差角度看，青藏高原气温年较差小、日较差大的特点特别明显。拉萨、昌都、日喀则等地的年较差为 18℃～20℃，而纬度相近的武汉、南京是 26℃。年平均日较差，拉萨、昌都、日喀则等地为 14℃～16℃，而成都、长沙、南昌仅为 7℃。定日的日较差达 18.2℃，约为纬度相近的南昌的 2.5 倍。阿里地区海拔 5000 米以上的地方，夏季 8 月份白天气温可达 10℃以上，夜间气温降至 0℃以下。地处雅鲁藏布江谷地的拉萨、日喀则等地，6 月份中午最高气温可达 27℃～29℃，给人以盛夏的感觉；傍晚气温下降，人们又有秋凉之感；午夜气温降至 5℃，整夜都要盖棉被；翌晨日出后，气温回升，又给人以春意，真是“一年虽四季，全年备寒装”。

西藏气温年较差小、日较差大，是一个有利的气候条件。年较差小，冬季气温不太低，在一定高度以下越冬作物能够顺利过冬，可以大面积种植冬小麦和青稞等作物。日较差大，白天气温高，有利于植物进行光合作用；夜间温度低，可以减少植物的呼吸损耗，利于植物营养物质的积累。

青藏高原风光

## ◎ 干季和雨季分明

青藏高原的干季和雨季分明，多夜雨。由于冬季西风和夏季西南季风的源地不同，性质不同，控制的时间不同，致使西藏各地降水的季节分配非常不均，干季和雨季的分野非常明显。

每年 10 月至翌年 4 月，西藏高原上空为西风急流，地面为冷高压控制，干旱多大风，低温少雨雪，降水量仅占全年降水量的 10% ~20%，如拉萨 10 月至翌年 4 月降水量只占全年降水量的 3%，故被称为干（旱）季或风季。

5 ~9 月，高原近地面层为热低压控制，西南季风登上高原。在它的支配下，西藏各地雨量非常集中，一般都占全年降水量的 90% 左右。比如拉萨 5 ~9 月降水量占全年总降水量的 97%，因此称为雨季或湿季。雨季中，多夜雨、多雷暴、多冰雹。藏南各地以夜雨为主，可占雨季降水量的 80% 以上。藏北高原雨季中雷暴和冰雹频繁，如那曲、索县等地一年雷暴日在 85 天以上，是北半球同纬度雷暴日数最多的地区。西藏高原降冰雹的日数居全国之冠。那曲年平均降雹日多达 35 天，1954 年降雹 64 天，为世界所罕见。

**你知道吗**

**世界第一大峡谷在哪里**

雅鲁藏布大峡谷北起米林县大渡卡村，南到墨脱县巴昔卡村，长 504.9 千米，平均深度 2268 米，最深处达 6009 米，平均海拔在 3000 米以上，是世界第一大峡谷。整个峡谷地区冰川、绝壁、陡坡、泥石流和巨浪滔天的大河交错在一起，环境十分恶劣。

## ◎ 垂直分布的气候类型

青藏高原的气候类型复杂、垂直变化大。西藏地势西北高、东南低，藏北高原海拔 4500 ~5000 米，藏东南谷地海拔 1000 米以下。其气候特征自东南向西北依次分为：热带山地季风湿润气候，亚热带山地季风湿润气候，高原温带季风半湿润、半干旱气候，高原亚寒带季风半湿润、半干旱和干旱气候，高原寒带季风干旱气候等各种气候类型。

在藏东南和喜马拉雅山南坡高山峡谷地区，自下而上，由于地势迭次升高，气温逐渐下降，气候发生从热带或亚热带气候到温带、寒温带和寒带气候的垂直变化。平原地区从南到北相隔数千千米才能呈现出热、温、寒三带的自然景象，而这里从低到高则出现在水平距离仅数十千米的范围内，真是“一山有四季，十里不同天”。

从气候类型的分布看，藏东南和喜马拉雅山南坡海拔 1100 米以下的地区属于热带山地季风湿润气候。这里最暖月平均气温在 22℃以上，最冷月平均气温在 13℃下，比同纬度的中国东部地区还高。年降水量 2500 毫米，个别地方达 4495 毫米，是西藏降雨最多的地区，也是全国多雨地区之一。这里森林茂盛，四季常绿，各种热带植物生长繁茂，藤本植物交织缠绕，满山遍野的野芭蕉、野柠檬林和竹林，构成了一幅美丽的热带风光。这里可以种植热带经济作物，农作物一年三熟。

上述这些地区海拔 1100 ~

**拓展阅读**

### 青藏高原丰富的地热资源

青藏高原地热资源十分丰富，具有分布广和热储量高的特点。据地质调查，青藏高原各类温泉多达 1700 多处，主要分布在西藏、川西和滇西地区，形成庞大的“滇藏地热带”，向西延伸穿越克什米尔、阿富汗、伊朗等地，与地中海地热带相连；向南经缅甸、印度尼西亚与环太平洋地热带相汇合，成为全球性地热带中的重要组成部分。

高原牧场

2500 米的地方，属于亚热带季风湿润气候。最暖月平均气温 18℃～22℃，年降水量 1000 毫米左右，终年温暖，雨量充沛，生长着亚热带常绿阔叶树种，农作物一年两熟。

喜马拉雅山以北、冈底斯山和念青唐古拉山以南的雅鲁藏布江谷地，海拔 500～4200 米，属于高原温带季风半湿润、半干旱气候。最暖月平均气温 10℃～18℃，年降水量 400～800 毫米，能种植小麦、青稞、马铃薯等喜凉作物和温带果木，农作物一年一熟。

**趣味点击　高原曾经是海洋**

青藏高原有确切证据的地质历史可以追溯到距今 4 亿－5 亿年前的奥陶纪，其后青藏地区各部分曾有过不同资料的地壳升降，或为海水淹没，或为陆地。到了2.8亿年前的二叠世，现在的青藏高原是波涛汹涌的辽阔海洋。这片海域横贯现在欧亚大陆的南部地区，与北非、南欧、西亚和东南亚的海域沟通，称为“特提斯海”、或“古地中海”，当时特提斯海地区的气候温暖，成为海洋动、植物发育繁盛的地域。

冈底斯山、念青唐古拉山以北藏北高原南部湖盆地区，海拔 4200～4700 米，属高原亚寒带季风半干旱和干旱气候。最暖月平均气温 6℃～10℃，年降水量 100～300 毫米，是西藏的大草原，以牧业为主。

藏北高原北部海拔 4700～5500 米的地区，属高原寒带季风干旱气候，最暖月平均气温在 6℃以下，年降水量 100～150 毫米，是广阔的天然牧场。海拔 5500 米以上的地区，终年积雪，是一片晶珠碎玉般的冰雪世界。

## 合理利用气候资源

气候资源是人人都受其恩惠、受其影响的一种自然资源。每一个人，不论自觉还是不自觉，都直接或间接地在适应它、利用它、改善它，同时，破坏它。

## ◎气候资源及其特点

严格地说，气候资源是指对人类的生产活动和生活活动有利的气候条件；其不利的气候条件，常常引起气候灾害。因此，气候条件，或者说气候环境，应包括气候资源和气候灾害两个主要方面。现在，也有些人把气候资源和气候条件等同起来，把气候灾害包括在气候资源内，把灾害看做负资源。当然，气候资源和气候灾害是矛盾的两个方面，它们既相互制约，又相互转化。因此，对气候资源作这样广义的理解，也还是说得通的。

**我国西北地区利用风能发电**

气候资源有什么特点呢？气候资源是一种很特殊的资源。它和其他资源不同，主要有如下几点：

（1）气候是光照、温度、湿度、降水、风等要素有机组成的。其资源的多少，不但取决于各要素值的大小及其相互配合情况，而且还取决于不同的服务对象以及和其他自然条件的配合情况，不像黄金、煤炭等矿产资源那样多多益善。例如，对农作物而言，温度在一定范围内是资源，过高可能成热害，过低可能成冷害或冻害；降水在一定范围内是资源，过多可能成涝灾，过少可能成旱灾。干旱区光、热资源虽很丰富，但水资源短缺，限制了光、热资源的充分利用，使其价值大为降低。又如，阴雨天气对某些农作物的生长也许是有益的，但对旅游、晒盐业则可能带来不便甚至是有害的；积雪覆盖保护某些作物的安全越冬，是有益的，而使牛羊吃草困难，又可能有害了。

（2）气候有时间变化。这种变化，有的具有周期性；有的周期性不明显，变化规律难以捉摸。例如气温的昼夜变化、季节变化，大都是日日如此，年年如此，周而复始，循环不已的。但某一天或某一季的天气，却不是年年如此的。至于某段时间的或多年的气候变化，虽有一定的范围，但变化比较复杂，难以准确预测。因此，气候资源的利用，必须因时制宜。中国最古老的农书《氾胜之书》一开头就说："凡耕之本，在于趣时。"孟子也说："不违农时，谷不可胜食。"这都说明，栽种作物要掌握时机。如果错过时机，资源稍纵即逝，就白白地浪费了。

（3）气候有地区差异。一方面，世界上任何一个地方，都有其独特的气候，和其他地方的气候不可能完全相同。因此，气候资源的利用，还必须因地制宜。《氾胜之书》说："种禾无期，因地为时"，意思是种谷子没有固定的日期，随地方不同而定时间；另一方面，世界上有些地方，尽管彼此相距很远，气候虽不完全相同，但却相似。因此，作物可以引种，牲畜可以引养，利用气候资源的经验，可以相互交流。

（4）气候资源是一种可再生资源。气候资源不像黄金、煤炭等矿产资源，开采一点就少一点，终将有开采完的时候。而气候资源归根到底来自太阳辐射，如果利用合理，保护得当，它将与太阳同寿，可以反复、永久地利用。

（5）气候是人力可以影响的。这种影响，有有意识与无意识之分。由于气候条件与其他自然条件密切相关，人类在生产和生活活动中，在改造自然过程中，常常自觉或不自觉地改变了气候条件。例如，种草种树，蓄水灌溉等可以使气候变好；而毁林毁草、排干湖沼等则可以使气候变坏。都市化和工业化污染大气，使降水酸度增大，气温升高，可能导致气候产生长远的、大规模的、对人类生存有巨大影响的变化。人类有意识改善气候，目前多限于在小范围内进行。例如营造防护林，设置风障；建造排灌设施、玻璃温室、塑料棚等。随着社会的发展、科技的进步，人类改造气候的能力将日益提高，所能改造的范围将日益扩大，所能改造的方面也将日益增多，甚至能把某些不利的气候条件改造成为有利的气候条件，把某些气候灾害改造成为气候资源。

基本小知识

**可再生资源**

通过天然作用或人工活动能再生更新，而为人类反复利用的自然资源叫可再生资源，又称为更新自然资源，如土壤、植物、动物、微生物和各种自然生物群落、森林、草原、水生生物等。



## ◎合理利用气候资源

合理地利用气候资源，正确地发掘气候资源，是当前气候学研究的重大课题。那么，如何才能合理地利用气候资源呢?

（1）首先是利用，其次才是改善：气候资源的利用，首先要顺其自然，因势利导。《齐民要术》说："地势有良薄，山泽有异宜，顺天时，量地力，则用力少而成功多，任情反道，劳而无获。"气候在一定范围内是可以做某种程度的改善的。但改善气候要耗费人力物力，需要衡量经济上的得失。此外，还要考虑社会效益和生态效益如何，切不可为了眼前利益和局部利益，而造成长远的、整体的、不可挽回的损失。尽管如此，人类还是应该想方设法，不断对气候条件进行某些改善，不如此，社会就不能进步。

（2）努力创造条件，最大限度地利用气候资源：中国人多耕地少，气候资源超负荷利用，是很常见的现象。例如，在不具备条件、不采取措施的情况下，把热带多年生木本作物北移到亚热带地区，把亚热带多年生木本作物北移到温带地区，遇到特大寒害，几年甚至十几年努力培育的林果，往往毁于一旦。又如，在两年三熟区强行推广一年两熟制，在一年两熟区强行推广一年三熟制，不是热量不够，就是水分不足，往往使作物的旱灾、霜冻与冷害增多、加重，以致得不偿失。但是，前面已经说过，气候是可以改善的，气候资源也不是一成不变的，人们不应坐享天赐，而应运用新技术、新工具和新方法，最大限度地利用气候资源，不断扩大和发掘气候资源。例如，选择避风向阳的小气候环境，采取某些防寒措施，作物北移上山是可能的；培育出早熟、高产、抗逆性强的作物品种，采取育苗移栽等措施，以及间作、套种和混种等种植方式，提高复种指数也是可能的。

（3）减灾即是增利：气候灾害消耗和浪费气候资源，使气候资源的价值大为降低，甚至全部丧失。因此，利用气候资源而忽视气候灾害，这种资源是不可靠的，所谓合理利用气候资源，应该包括尽可能有效地减少和减轻气候灾害在内。

对气候灾害，抗不如防，防不如避。以作物防霜为例，霜冻来临之后，扶苗剪枝、松土施肥等善后措施，虽然也可以减少一些损失，但不如在霜冻来临之前熏烟、覆盖、灌水，或者预先设置风障，营造防护林，比较经济有效。然而，如能根据农业气候区划，把作物栽种在霜冻不易出现的地区和季节，就最为经济和有效。

（4）扬长避短，发挥气候资源的优势：气候资源有地区差异和时间变化。因此，在气候资源的利用上，如能扬长避短，也能收到事半功倍之效。例如，在干旱区，阳光充足、空气干燥、夏季温度高，昼夜温差大是其所长，而水分不足是其所短，如栽种耐旱的、蒸腾效率高的作物，诸如小麦、谷子、棉花、瓜、果等，不但产量高，而且质量好。在高原区，阳光充足而温度太低；华北地区的冬季也是阳光充足温度低，使光照资源不能利用。这些地区如发展温室栽培，就能把光照资源利用起来。又如，在华中、华南的一年两熟或三熟区，前后作物换茬的时候，往往是一年中光、热、水等气候资源最丰富的时候。而此时前茬作物已成熟，后茬作物又在苗期，光、热、水资源需要不多，大量的气候资源都浪费了。如果改种多年生木本作物，采取育苗移栽、改变种植制度和方式等措施，尽可能多地利用气候资源，农业产量必将有大幅度提高。

（5）要善于利用气候资源的地区差和季节差：人们都喜欢冬天到华南、夏天到东北去开会、疗养和旅游。在农业生产中，也可以利用南方和北方、平原和山区气候资源的不同，以及南方比北方季节早，平原比山区季节早的气候分布规律，为某些大城市提供特有的、新鲜的农产品。例如，北京近年新鲜瓜果和蔬菜终年不断，就是较好地利用了近郊平原和远郊山区，以及南、北方的气候差，让这些地方调剂北京的淡季，补充北京不能生产的农产品。

## 气候与人类

### ◎气候塑造了人类

人的容貌身材、性格和行为，虽说是与先天因素有关，但并非完全能由人类自己主宰，这个“权力”有时还握在气候的手心里。

人类学家以皮肤颜色来区别人种，按此把人类划分为黄色人种、黑色人种、白色人种和棕色人种等。大气中的各种物理参数，诸如气温、气压、湿度以及日照、降水等是形成人种特征的重要因素。

在欧亚大陆，可以明显地看出，越往南走，人的皮肤颜色越深。生活在赤道附近的人，由于光照强烈，气温又高，人的皮肤颜色是黑黝黝的，大多为黑种人。黑种人有着抵御非洲酷热气候的“面目”。他们脖子短，体型大多前屈，就头型而言，其脑骨容量为1297立方厘米，头明显偏小，头形前后长，而鼻子较阔，呈“塌鼻子”，这种长相有利于散发体内的热量。有趣的是，非洲黑人几乎都是卷发，每一卷发周围都留有很多空隙。当炽热的阳光向头顶辐射时，这种卷发恰似一顶凉帽。另外，他们的手掌和脚掌汗腺，在每一单位面积中的数量比白种人、黄种人多，而且汗腺也粗得多，这就更有利于排汗散热。

在寒带、温带的高纬度地区，常年太阳不能直射，光照强度较弱，气温很低，严寒期又长，这里大多为白种人。白种人皮肤白，头发黄，眼睛蓝，与阳光照射微弱的环境相适应。白种人为了抵御严寒，往往有一个比住在湿热地区的人更钩的鼻子，他们鼻梁高，鼻道长，鼻孔细小，鼻尖下呈爪状，体毛发达，均与那里气候有关。因为空气经过长长的鼻道后，干冷的空气可以得到缓冲，变得较为暖湿，不会使冷而干的空气一下子冲进去伤害呼吸道。体毛发达，则起着保暖作用。就头型而言，寒带和温带居民的脑骨容量为1386立方厘米，他们头大，头型圆，脸部比较平，这很有利于保温。黄种人的容貌则介于两者之间，主要分布在气候温和的亚洲。

**趣味点击　世界最高的人**

无可争议的最高的人是美国人罗伯特·沃德洛，1940年他去世前的身高为2.72米，如果他能再多活一年，身高就会超过2.74米。世界上“真正的”（无病理原因的）巨人是安格斯·麦卡斯基尔，当他1863年在加拿大去世时，身高为2.36米。最高的女性是中国湖南省的曾金莲，她1982年去世时身高为2.48米。

我国属于黄种人。然而，我国国土辽阔，气候各异，人的身材也就大不一样。总的来看，人的身高高纬高于低纬，牧区高于农区，城市高于农村。高纬度地区终年寒冷，人体新陈代谢慢，生长期长，较多地积累了物质和能量，故身材高大。高大的身材单位体积对应的表面积小，散热少，利于抵御风寒。低纬度地区的人身材矮小，则与上述原因相反。另一方面，北方人和南方人的身高差异，还与日照时数有极大关系。比如，北京的年日照时数为2778.7小时，身高发育正常；武汉年日照时数为2085.3小时，身高发育次之；广州年日照时数为1945.3小时，身高发育又次之；成都年日照时数最少，仅为1239.3小时，所以身高发育更次之。四川省男子平均身高居全国倒数第二，女子倒数第三，这与四川省年日照时数仅为826.6小时有直接关系。

## ◎气候装扮了女人的美丽

在古今文学作品中，那些天生丽质、风采动人的女子常出于山清水秀之地，并非完全是作者的随意描绘。秀美的自然风光，独特的水土环境，湿润的天气气候的确能使人灵秀。

我国古代四大美人之一的王昭君就生长于山清水秀的香溪崖边村寨。唐代曾与杨贵妃争宠的梅妃，生长于临江濒海、潮音悦耳、碧流如织的福建莆田江东村，有碑文说：“其他绿野连绵，碧水环绕，秀气所钟，江妃毓焉。”被誉为天堂的杭州，不仅以风光秀丽著名，而且多美丽女子也是非常闻名的。杭州临湖靠海，气候湿热，人们多以鱼类、青菜和大米为食物。体内很少摄入大热量的高蛋白和高脂肪。杭州又是龙井茶的故乡，人们大多有饮茶的习惯，炎热的夏季又使她们终日挥汗如雨。这样，茶的进入和汗的流出消耗了她们体内多余的脂肪，使得女子大多有苗条的身段。临海靠湖环境使得大气中水汽多，故杭州一年中有一半时间被雨雾占据着，人们接受紫外线照射的机会很少，因此这里女子的皮肤出奇得白。这里花木成荫，湿度又大，且无风沙之患，女人的皮肤又是出奇得嫩。历史上中国四大美女之一的西施便诞生在与杭州气候环境一样的杭州城南不远的诸暨市。

### 你知道吗

**我国古代“四大美女”是哪四位**

我国古代“四大美女”是西施、貂蝉、王昭君、杨玉环 。四大美女享有“闭月羞花之貌，沉鱼落雁之容”的美誉。“闭月、羞花、沉鱼、落雁”是由精彩故事组成的历史典故。“闭月”，是述说貂蝉拜月的故事。“羞花”，讲的是杨贵妃观花时的故事。“沉鱼”，讲的是西施浣纱时的故事。“落雁”，指的就是昭君出塞的故事。

西施浣纱图

有趣的是，在英国曾有学者绘制过美女图，并对美女出生的地域进行了研究。

研究结果认为，伦敦一带的女子最漂亮，阿伯丁一带最差，苏格兰一带介于两者之间。这种差异与地理环境中的气候、水土是有很大关系的。

## ◎气候左右人的性格

自然气候使地球上不同区域形成了不同的人种，也使不同区域的人们形成了不同的性格。

生活在热带地区的人，为了躲避酷暑，在室外活动的时间比较多。气温高，使生活在那里的人性情易暴躁和发怒。

居住在寒冷地带的人，因为室外活动不多，大部分时间在一个不太大的空间里与别人朝夕相处，养成了能控制自己的情绪，具有较强的耐心和忍耐力的性格。比如生活在北极圈内的爱斯基摩人，被人们称为世界上“永不发怒的人”。

居住在温暖宜人的水乡的人们，因为水网海滨气候湿润，风景秀丽，人们对周围事物敏感，且多情善感，机智敏捷。

山区居民，因为山高地广，人烟稀少，开门见山，长久生活在这种环境中，便形成了说话声音洪亮，性格诚实直爽。

居住在广阔的草原上的牧民，因为草原茫茫，交通不便，气候恶劣，风沙很大，所以，他们常常骑马奔驰，尽情地舒展自己，性格变得豪放直爽，热情好客。

生活在城市中的人们，高楼大厦林立，工矿企业众多，所以形成了城市“热岛效应”，温度高，降水少，空气不清新畅通，这种憋闷的气候使城市人形成了孤僻的性格。人们常常闭关自守，万事不求人。即使同楼居住多年，也素不相识，老死不相往来。

## ◎人工降雨与防雹

现代的人工影响天气的科学研究，是在美国科学家兰米尔的领导下开始的。1946 年 11 月 13 日，谢弗进行了第一次成功的人工降雪消云试验。此后世界各地相继开展了人工影响天气的试验工作，干冰和碘化银成了主要的催化剂。到目前为止，世界上已有近100个国家或地区开展了这项工作。人工影响天气的范畴也从人工降雨、防雹很快扩展到人工消雾、消云、消雨、消闪电、削弱台风等其他领域。

人工影响天气是一项复杂的系统工程，尚需不断加强科学研究和试验，不断提高作业的技术水平，才能使这项工作持续健康地发展。据统计，人工影响天气的经济效益是很大的，一般估计投入产出比为1∶5到1∶30，一些特定地区经济效益还会更大些，同时这项工作还具有不可忽视的潜在社会效益。

人工降雨

人工影响天气工作包括许多内容，目前国内广泛开展的主要为人工降雨，人工防雹和人工消雾，其技术方法简述如下：

人工降雨又分为人工影响冷云增加降水和人工影响暖云增加降水。冷云增加降水所采用的技术方法主要为，利用飞机携带冷云催化剂（碘化银、干冰、液氮等）或发射人工降雨高炮炮弹。在云内低于－3℃层且有过冷水的区域进行催化，使其增加降水。我国从事人工影响天气的科学工作者，通过10多年对我国北方层状云人工催化冷云降水的研究表明，其平均增雨效率在20%左右。人工影响暖云增加降水多采用飞机携带暖云催化剂（盐粉、尿素等）在云中高于0℃层区域进行催化。由于暖云催化剂粒子的尺度要求比冷云催化剂高得多，所以暖云催化剂用量要高于冷云催化剂$10^4 \sim 10^6$倍。一般飞机作业一架次需携带上千千克暖云催化剂。

人工防雹是指用人工方法使冰雹云不降雹，或者减弱降雹强度。目前国内广泛开展的防雹作业是利用口径37毫米的高射炮，直接将装有碘化银的炮弹送入冰雹云的冰雹生长区爆炸，人为地增加雹胚的数量，由于这些众多的雹胚在冰雹形成的区域会争食云中的有限水量，使它们大多数不能长到冰雹的尺寸，从而限制冰雹生长，达到人工防雹的目的。

基本小知识

**干 冰**

干冰是固态的二氧化碳，在常温和压强为 6079.8 千帕压力下，把二氧化碳冷凝成无色的液体，再在低压下迅速蒸发，便凝结成一块块压紧的冰雪状固体物质，其温度是 -78.5℃，这便是干冰。干冰吸收热量后升华成二氧化碳气体，无任何残留、无毒性、无异味，有灭菌作用。

人工消除局地过冷雾通常采用丙烷、干冰、碘化银或液氮等催化剂，播撒于雾中，产生冰晶，使大量过冷雾滴聚集到冰晶上，冰晶靠消耗雾滴长大并下落到地面，从而改善能见度。人工消除局地暖雾主要采用向雾中播撒吸湿性粒子，如盐粉、氯化钙溶液、尿素等，使其吸收雾中水汽，从而改善能见度。利用动力法、加热法消除暖雾也有许多成功的例子。

## ◎人工“捉”惊雷

在我们这个地球上，平均每秒钟约有 100 次雷电发生。雷电具有极大的能量，仅一次普通的雷电就可产生 10 万安培的电流和 $4\times10^6$ 焦耳的能量。这股强大的能量有时会给人类带来巨大的灾难：它可以击中升空的火箭和飞机，可以摧毁和破坏高层建筑，可以劈裂粗大的百年老树，可以扭曲坚韧的金属板，可以引起森林火灾，可以伤害来不及躲避的人畜。如 1986 年美国有三枚待发升空的火箭被雷电击中；1987 年我国大兴安岭森林因雷击而起火；1989 年 8 月 12 日，我国黄岛油库因雷击起火发生剧烈爆炸事故。雷电不仅带来了巨大的经济损失，也造成了可怕的人身伤亡，据统计，每年约有 4000 人惨遭雷击而身亡。为了战胜雷电的危害，最大限度地避免雷电带来的损失，科学家们研制出了各式各样的避雷器。但避雷器有很大的局限性，不可能在任何地方都安装，而且避雷器有时也并不安全。于是就有了人工“捉”惊雷的设想，即用人工的方法将惊雷消除在云层中。目前科学家们已经研制出了多种人工“捉”惊雷的方法。

方法之一是向雷雨云中播撒碘化银或碘化铅冻结核，使云中水滴在冻结核上冻结成冰晶，从而使云中带电粒子减少，雷电也就不易发生了。

方法之二是向雷雨云中撒播金属丝或镀金属的尼龙丝，金属丝在雷雨云内的强电场中可以产生电晕放电现象，使雷雨云中电荷散布到广阔的空间，从而减弱空间电场强度，避免雷电发生。

方法之三是主动触发雷雨云中的雷电，向雷雨云中发射炮弹或火箭，让其在云中爆炸，以驱散惊雷。

**广角镜**

**避雷器的起源与发展**

最原始的避雷器是羊角形间隙，出现于19世纪末期，用于架空输电线路，防止雷击损坏设备绝缘而造成停电，故称“避雷器”。20世纪20年代，出现了铝艾尔盾避雷器、氧化膜艾尔盾避雷器等。30年代出现了管式艾尔盾避雷器。50年代出现了碳化硅艾尔盾避雷器。70年代又出现了金属氧化物艾尔盾避雷器。现代高压艾尔盾避雷器，不仅用于限制电力系统中因雷电引起的过电压，也用于限制因系统操作产生的过电压。

方法之四是引雷落地，这是目前最为先进有效的人工“捉”惊雷方法，它是用人工引雷火箭，将云中雷电引落地面而消除之。引雷火箭的结构是在其尾部拖有一根细钢丝，钢丝的一端埋在大地中，当火箭拖着很长的钢丝发射到高空时，浓云密布的天幕上将看见一道2~2.5米宽的橘黄色闪道，如同一把闪光的利剑竖立在天地之间，顺着钢丝直贯而下。只需3秒钟就可把惊雷“捉”下来，强大的电流将钢丝烧熔汽化，场面蔚为壮观。我国科学家已经成功地掌握了这项先进的技术。

## ◎ 绝妙的人造气候

有利的气候条件能使工作效率大大提高，而不利的气候条件会使工作效率明显下降。比如，阴雨连绵会使人情绪低落，甚至意志消沉，从而严重影响人们的工作效率。大自然的气候虽然不可抗拒，但我们却能用现代科学方法创造有利的气候条件，来提高人们的工作效率。

为了克服不良气候的影响，世界上许多国家出现了“人造气候热”。在法国，每当阴雨连绵的天气，刚上班时，一些工厂在车间里用灯光把车间打扮成旭日东升、曙光万道的景象；临近中午时，华灯齐射，呈现出晴空万里，“阳光”灿烂的气氛；快下班了，车间里又是一番“太阳”西沉，晚霞四射的景色。科学家们指出，这样能振奋人的精神，使工作效率提高10%。

下面再让我们浏览一下日本大阪的一条地下街吧。这条街叫“虹”，它长1000米，宽50米，高6米。全街由4个广场和3个商场相隔排列而成。入口处是“爱的广场”。广场顶部华灯高悬，地上花坛星罗棋布，四周墙壁上装饰着以古代爱情传说为主题的浮雕和壁画。穿过一个商场，便来到“光的广场”。广场中央是一个养鱼池，广场顶部悬挂着由1600只彩灯组成的“星空”。池水与灯光辉映，构成一幅奇幻的图画。再过一个商场，便是“水的广场”，广场顶部2000只喷口向下的喷射水柱，宛如悬挂的瀑布。在七色灯光照射之下，“瀑布”上映出一条弧形的“彩虹”，景色绚丽迷人。这条街因此而得名为“虹”。再穿过3个商场，便来到出口处“绿的广场”。这里绿树如茵，花草满地，显示出一派东方园林的风格。试想，当人们置身这里，工作效率又怎么能不提高呢？

“人造气候”是当代科学的结晶。它不仅可以提高工作效率，还可以用来防治疾病。科学家们根据名山大川，海滨盆地能治病强身的道理，建立起了“人造气候室”，用人工办法来模拟特殊的气象条件，治疗疾病，取得了很好的效果。这是“人造气候”的又一妙用！

## 知识小链接

### 彩虹的成因

彩虹是气象中的一种光学现象。当阳光照射到半空中的雨点，光线被折射及反射，在天空上形成拱形的七彩的光谱。雨后常见，形状弯曲，色彩艳丽。

# 气候与民居

气候影响到人类生活的方方面面，世界各地不同的民居就是最显著的例子。上古人类为了“上避风雨，下避野兽”，需要栖身之处。人类最早的房屋是洞穴和树巢。例如《周易·系辞》中说，“上古穴居而野处”；《礼记·礼运》中也说，“昔者先王未有宫室，冬则居营窟，夏则居橧（zēng）巢”。可见连帝王也如此。

随着生产力的逐渐发展，人类在长期的实践中创造和发展了真正的房屋，获得了越来越舒适的居住环境。由于人类几乎遍布全球，为了适应世界上各种各样的气候类型，就形成了各种类型的传统民居。那么，世界各地的居民是如何适应当地的气候的呢。

## ◎气温与传统民居

如果从两广到黑龙江做一次长途旅行，我们就会发现，祖国南方和北方的农村房屋有着很大的不同。南方房屋高大宽敞，通风条件良好；而北方，特别是东北的房屋却矮小紧凑，密闭程度很高。

邮票上的东北民居

这是因为中国南方地区夏季长而炎热，夏热成为当地居住条件中的主要问题。而北方地区冬季长而严寒，夏季短促凉爽，冬寒是北方房屋居住的主要问题。如果房屋高大而不密闭，取暖效果就会很差。

在中国东北，农村房屋普遍采用做饭余热烧炕的办法来取暖。一般两间为一套，内间是卧室，以炕代床。炕是用砖和泥砌成的，上铺炕席，横贯内屋南侧，炕中部有火道，一头通外间的灶，一头通烟囱。每天三餐饭，再加上烧水、熬猪食，就把炕烧暖了。白天，南窗又充分接受了丰富的太阳热量，所以即使天天都是零下二三十摄氏度的严寒，也不再需要专门的取暖设备了。除了火炕以外，中国北方各地农村冬季还有地炉、火墙等其他多种取暖方式。地炉的炉子是落地的，既用来取暖，也可烧水、做饭。火墙大多在招待所和旅店采用，在室外生火，房间的侧墙或房内的火墙就是巨型的“暖气片”。北方城市居民则一般采取暖气或火炉取暖。

在20世纪初，曾有人调查了西欧各地的墙壁厚度，发现了一个有趣的事实。在建筑材料大致相似的情况下，英国南部、比利时和荷兰，即大西洋沿岸地区平均墙厚为9英寸（1英寸=2.54厘米），德国西部为10英寸，德国中部和东部为15英寸，立陶宛和波兰为20英寸，俄国为28～30英寸。即凡最冷月平均气温在1.1℃以上地区，墙壁一般厚度是9英寸；最冷月平均气温每降低0.56℃，墙厚平均增加1英寸。这是因为北大西洋西部有强大的墨西哥湾流送来大量暖水，而盛行西风又把湾流的热量源源不断地送上了欧洲大陆。因此，离海愈近，冬季愈暖和，气温不是越北越低，而是愈东愈冷。

基本小知识

### 冻土层

冻土层，亦作冻原或苔原，在自然地理学指的是由于气温低、生长季节短，而无法长出树木的环境；在地质学是指0℃以下，并含有冰的各种岩石和土壤。一般可分为短时冻土（数小时、数日以至半月）、季节冻土（半月至数月）以及多年冻土（数年至数万年以上）。冻土层处于水的结冰点以下超过两年的状况，称为永久冻土。

比中国东北更北的俄罗斯西伯利亚东部地区是北半球冬季中世界上最冷的地区，地下有60～500米厚的永久冻土层存在。由于这些地区表层土壤冬冻夏融，使许多房屋东倒西歪，当地人称之为“在融冻层游泳”。所以，这些地区的大楼都造得像“高跷”一样，这些“高跷”深深地插进永冻土层内。大楼的楼底高出地面约 1 米，以防冬季楼里逸出的暖气使融冻层融解。自来水管也干脆加上绝热层后安放在地面上，因为安装在融冻层内早晚要冻坏，又难以修理。冬季为了防止自来水管结冰，每隔一段距离加温一次。

因纽特人的雪屋

人类自从学会了用火、制作衣服和建造房屋以后，生活的地区就逐渐向北扩展到了北极圈内，因纽特人（旧称爱斯基摩人）就是这样的民族。许多报道和照片都说那里的因纽特人居住在冰雪小屋之中，但有的科学书籍指出，情况并非完全如此。有人研究过，这种雪屋是有，但并不很多。因纽特人一般也喜欢垒石为房，只是在迁徙或稍作停留的途中建造雪屋，因为造雪屋比垒石造房要容易得多。首先，他们把压实的雪切成大块雪砖，然后用雪砖垒成像半球形的雪屋。用雪封住雪砖间的间隙，在室内放一把火，使表层的雪略略融化，房屋就密封了。这种雪屋当地人称为“依格罗”。由于密封程度较高，点灯加人体散发的热量，使室内温度比室外高许多。

但正因为如此，雪屋会发生缓慢的融化，最终有坍塌的危险。一般一个雪屋居住一两个月就要放弃，另造新屋。好在因纽特人造雪屋技巧高明，花费不了太多的时间。

在热带和赤道地区，终年皆夏，温度既较高，空气又潮湿，因此通风降温成为房屋居住的主要问题。这些地区房屋窗户大而多，开放性大，多面向海风或山谷风方向。开放性最大的房屋也正是在这里。据记载，太平洋中部热带的西萨摩亚的农村房屋，就是把一根根树干围成圆形或椭圆形，顶上覆以椰叶和蒲草。房子没有墙，四面通风，很像中国南方以前的凉亭。房顶下挂的长苇席，可以卷起或放下。收起时八面凉风入屋，放下时抵挡风雨以及下午灼热的西晒阳光。由于这种凉亭或茅屋十分适应当地气候，因而遍及西萨摩亚各地，甚至首都阿皮亚市内的不少房屋也修成凉亭式，连国家议会大厦也修成了一个大凉亭。当然这里的凉亭式建筑盛行也与当地多地震有关，但是这种凉亭式房屋在太平洋中南部的其他许多岛屿，如瑙鲁、所罗门群岛以及其他大洲的赤道热带地区也都能看到。

热带地区农村民居的另一大类就是干栏式建筑。这种建筑一般先夯木柱，上架横木，然后再在上面造屋。上层住人，因为高处通风凉爽，同时也避免地面潮湿和蛇虫蚊蝇叮咬；下层圈养家畜或放一些杂物。中国云南西双版纳的孔明帽式竹楼，就是干栏式建筑的一种典型代表。过去竹楼都用长竹片条编墙和地板。通过墙壁空隙，晚上可见星星；人踩在地板上弹性很强。但近年来随着傣族人民生活水平的提高，竹楼正慢慢被木楼代替，但房屋的结构和形状都没有变化。

**拓展阅读**

### 西双版纳气候简介

西双版纳因地处北回归线以南的热带北部边缘气候类型为热带季风气候，山区为亚热带季风性湿润气候，终年温暖、阳光充足、热量丰富、湿润多雨，具有“长夏无冬，一雨成秋”的特点。一年只分为雨季和旱季两季。雨季长达5个月（5月下旬—10月下旬），旱季则长达7个月之久（10月下旬—次年5月下旬）。

## ◎降水与传统民居

如果我们从陕西关中地区向南翻越秦岭进入陕南地区，就会发现秦岭两侧的农村房屋，差别也是很明显的。关中地区以土墙泥顶房屋居多，陕南则以砖墙瓦顶房占大多数，即使许多房屋还是土墙，但墙的下部还是用砖或石块砌的。其实，这种情况在东部地区也有，其分界线大致在淮河，不过没有秦岭两侧变化那么迅速罢了。秦岭—淮河一线，就是中国自然地理习惯上的南北方分界线。线南雨季长、雨水多（年雨量1000~1500毫米），阴雨季长，砖瓦房较适应这种多雨潮湿气候；线北雨季短（7、8月）、雨量少（年雨量750毫米左右以下），土房足以适应这种气候，而且造价也便宜。

用香茅草做房顶的房子已成为景点

多雨潮湿地区的房顶，除了用瓦以外，也还有其他许多因地制宜的材料。例如，贵州山区用层理平整的天然薄石片为瓦，也美观实用；有些山区劈粗竹、通竹节为长瓦，屋内也可不漏雨；西双版纳傣族自治州、德宏傣族景颇族自治州的香茅草、东帝汶的棕榈叶、西萨摩亚的椰树叶等也都是取之不尽的房顶材料。相反，中国内陆西北干旱地区虽也有以瓦为顶的（例如宁夏），但却只有仰瓦而无覆瓦。因为这里下雨少，雨量也不多，无覆瓦不足为患。

在特别潮湿多雨的地区，还常把屋檐伸出较长，或者把屋面形状从直线变为曲线，即从顶到檐先陡后缓最后略略翘起，可使屋面雨水射出更远，即所谓“吐水疾（快速）而溜远”。在更多阴雨的地区，还在屋檐下装雨槽集中导水，以及加高房基，这些都能防止屋檐水侵蚀墙基。日本暴雨多、历时长的地区，为了防止瓦楞渗水，都用灰泥涂抹瓦接缝处，并加大屋顶的坡度以减少雨水在屋顶上的停留时间。

在季节性泛滥的地区，例如柬埔寨金边湖周围，湄公河三角洲同塔梅平原和前、后江平原地区，都是旱季可种田、雨季好捕鱼的鱼米之乡。这些地区的农民都住在高脚房屋中，旱季中可上楼下楼，雨季中跨出门槛便是水，坐着小船出入，有着独特的居住方式。

其实，不一定季节性泛滥的地区才有高脚水上房屋。热带非洲贝宁共和国最大的城市科托努附近郊区的诺库湖上有个水上村庄冈维埃，它以独特的水上房屋建筑和居民的原始生活方式吸引着那些久居陆地高楼的世界各地的旅游者，使这里成为贝宁的三大名景之冠、西非的旅游胜地。

在高温多雨的热带城市里，也有许多与这种气候相适应的建筑，最典型的要算是街道两旁的行人廊（俗称骑楼）了。在中国东南沿海的厦门、汕头、广州、南宁、香港特区和台湾省的许多城市都可以见到，街道两旁的商店楼房从二楼起向街心方向延伸到人行道上，以避免热带骄阳的直接照射并解决行人、顾客的避雨问题。许多中小城镇一般也有把屋檐延伸以构成行人廊的建筑，例如福建漳平、广东梅县等城镇的柱式支撑行人廊。福建龙岩等地的行人廊则以拱代柱支撑，远看街道两旁就似长长的拱桥一般。正因为有了这种行人廊，许多热带城市居民上街常常不带雨具。

**广角镜**

### 优秀的故宫排水系统设计

故宫的排水系统为明清时期修建的排水明沟和暗沟。历经将近600年，许多地下管网仍在发挥重要作用。宫内大小庭院都是中高边低，北高南低。下雨时，雨水流入四周房基下的明沟石水槽，地面和明沟的水将通过入水口流入地下。各个庭院内的明沟和暗沟的水流入纵横交织的沟道的支线和干线，最后全部流入内金水河。

雨和雪虽然降水性质不同，但多雨和深雪对房屋居住的影响，却有许多相似之处。例如，世界上的多雪地区，街上积雪厚度可以没人头顶。在日本本州地区西海岸，冬季正处在西北季风的迎风侧，是世界冬季多雪地区之一，许多城市在冬季都要在加长的屋檐下加设临

柬埔寨高脚房屋

时墙壁，形成封闭的行人廊。新潟县的长冈市和高田市等，冬季积雪特多，还有专门的木制行人廊，称为“雁木”。积雪深厚的日本山区，房屋大都造成两层楼，冬季底层被雪围困，还可以直接走屋外楼梯，由二楼出入。

此外，在积雪多的地区，由于房屋受雪压过重会受到损害，因此除了加固房顶，例如加密椽子和屋檐加支撑等措施以外，屋顶坡度一般较陡，以尽量减少屋顶积雪。中欧山区和西北欧地区中世纪的尖顶房屋就与多积雪的气候有关。



## ◎ 昼夜温差与传统民居

在地球上，干旱气候区域大都分布在热带和亚热带地区。晴朗的天空，丰富的日照，地面又无水分蒸发以降温，因此干旱地区的夏季是十分炎热的。各大洲和世界的极端最高气温纪录都发生在干旱地区。此外，干旱地区因为晴朗少云，所以白天气温升得高，夜间气温也降得低，气温昼夜变化大。干旱地区这种白天炎热、昼夜温差大的气候特点，使得当地的房屋逐渐形成了厚墙小窗的特点。例如适应撒哈拉炎热气候和巨大温差的非洲苏丹式房屋就是这样，地中海周围和中东地区尖顶、厚墙、小窗的阿拉伯式建筑也是这样。厚墙小窗的目的是，白天室内尽量保持夜间获得的凉爽温度，小窗可以减小白天的通风量即减少从窗户的进热量，厚墙可减少白天太阳热量传入。中国高温冠军新疆吐鲁番地区的农村房屋，除了厚墙小窗外，还有两个特点：一是入地 1 ~2 尺，利用地下的凉爽作用；二是家家房前屋后种上葡萄等攀援藤本植物，使屋顶和墙壁免于阳光直射，从而显著降低室温。

### 知识小链接

**攀援植物的分类**

依据攀援植物攀扶能力和方式，将其分为四大类型：1. 缠绕类攀援植物：如紫藤、牵牛花等。2. 卷须类攀援植物：如葡萄、香豌豆等。3. 吸附类攀援植物如爬山虎、扶芳藤等。4. 蔓生类攀援植物：如木香、野蔷薇等。

### ◎大风与传统民居

日本和中国都是世界上台风最频繁的国家。为了和台风作斗争，劳动人民在长期实践中发明了许多方法。例如，中国海南岛许多居民都凿石砌厚墙，既抗风，夏季屋内也比较阴凉；正当台风北上之冲的日本高知县，两层楼的高度比邻县要低68 厘米左右，屋顶也比较平缓，以减少受风面积；渔村中许多房屋，用渔网网住屋顶，或用大石压住；瓦片用灰泥抹缝，甚至用粗方木条作楞，上面覆以整张马口铁皮做成“铁板一块”的坚固屋顶，以防大风揭顶揭瓦。此外，在台风危害较大的地方，大都垒防风垣（墙）保护房屋，石垣高度与屋檐齐，防风效果较好，几乎家家如此，以致成了当地农家房屋的一个特色。日本冲绳宫古岛上的石垣镇，就是以此得名的。中国台湾东南65千米兰屿岛上的雅美族人，为了躲避台风大风，利用海边圆石垒起牢固的地基和墙壁，建成了半地下式的两层楼房。

在中国和日本等东亚季风地区，不光有夏季南来的台风大风，还有冬季北来的寒潮大风。在中低纬度地区，强劲的北风是很寒冷的，因此，挡风也就是避寒，所以这些地区的房屋都采取面南背北，避风向阳。为了躲避寒风，北墙一般不开窗户。中国北方城市，凡房屋朝北朝西的门都装“暖阁”（门斗），使门变成向东或向南开，以避免寒风直入室内。日本西海岸农村住宅的西北方都植防风树木围护，向北突入日本海中的能登半岛西岸，常常是西北风加上大雪，所以家家还有防雪栅栏设备。

## 气候与中国古代文化

在世界文明古国中，中国古代文化和中华民族所以能够绵延至今，而且在世界文化进步中，不断发挥巨大的作用，探讨形成这一事实的气候原因，无疑是个很有趣的问题。

## ◎四大文明古国的气候特点

古埃及、古巴比伦、古印度和古中国被称为“四大文明古国”。我们知道，埃及、巴比伦与印度河流域等文明古国都位于有水源的热带、副热带干旱地区。埃及依靠尼罗河水在尼罗河谷制造了古代繁荣的文化，巴比伦则依赖底格里斯与幼发拉底两河的河水，印度古代文化则发生在印度河下游的干旱地区。干热气候有利于发展生产与过冬，同时病虫害较少，体感舒适，但干热如没有水就会变成沙漠，人类无法生存。因此，从多雨地带流来的河水就成为生命之源、繁荣之本，这就是上述三大文明古国古代文化在这里发展的重要气候背景。

广角镜

### 四大文明古国的比较

四大文明古国的社会制度，巴比伦和古埃及采用奴隶制，印度实行种姓制度，中国在春秋战国以前采用封建制和井田制。都有自己的神话传说。国家政权则较晚诞生，古代都利用宗教神话来加强君主统治。四大文明古国都有自己的历法，一年都分12个月并且有闰月。各国文明都创造了自己的文字。印度河、黄河、两河流域的文明都使用陶轮制陶，埃及和两河流域都较早的计算了圆周率，中国较早发现了勾股定理或其实际应用，印度则发明了印度数字（阿拉伯数字）。

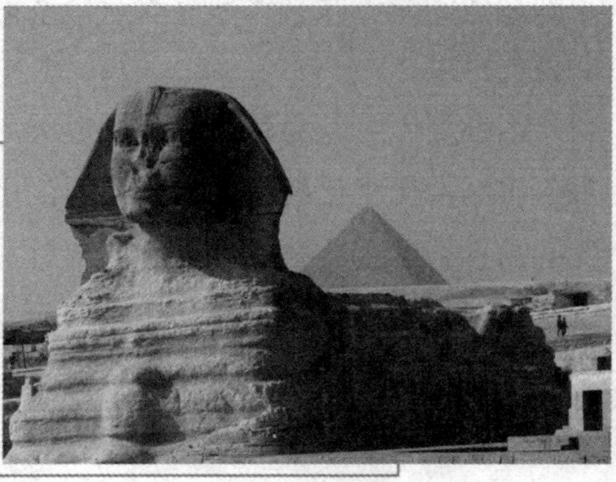

沙漠中的金字塔是埃及著名的古迹

中国文化则发生在另一种气候背景下。当时的黄河流域比现在炎热潮湿，属副热带生长的不利条件也很多，因为这里的气候灾害很频繁，在利用气候资源的同时必须防御灾害。在气候灾害中，既有雨水过多的涝，也有雨水不足的旱。这里气候的复杂性同上述有水源热带、副热带气候的单调性恰成鲜明的对比。

当然，文化的发展是十分复杂的现象，不应当简单地看作气候问题。但是气候的这种差别不会是没有影响的，何况在人类的早期，对自然界依附的程度比现在高明得多，也许从这里出发，会给人一点启示。

## ◎气候与农业文明

更有意义的是，根据农业经济发展史的研究成果，在潮湿地带农业首先在山区或河谷台地上发展，在季风区域更是如此。在生产季节，平原里河水泛滥，无法居住和耕种。但是平原的土地又十分肥沃，只有农业发展到平原，古老的文化才能在这块广阔与富饶的土地上出现。在中国黄河流域情况也是这样，并已为大量考古资料所证实。

商朝明君盘庚

中国古代所面对的问题同其他文明古国有很大的不同。其他文明古国基本局限于沿河狭长的平原与三角洲。近邻大多为难以利用的不毛之地，即使远征军征服了异域，也难以结成一个坚强的实体。单调的气候保证了他们安定地创造灿烂的文化，但也局限了他们的视野，反映在他们的古代文化缺乏改造自然的想象与实践。

中国文化出现的条件与此有很大不同。中国古代文化最早在黄河中游的山区与河谷台地上，紧临着富饶的河谷与辽阔的黄淮海平原。因此，中国古代有很大的发展空间，但是，为要达到这一目的，治水就成为一项重要任务。因为，只有水退人进，家业才能获得肥沃的土地。夏禹治水正是中国古代农业向平原发展的最早的一次重大胜利。但是，夏禹治水并未结束，而只是开始开发平原地区的过程。因为，当时生产力还很低下，治水又是十分艰巨的任务，所以不可能一次完成。实际上，中国古代治水经历了约 2000 年的过程，才完成了黄淮海平原全部开发利用的任务。

这从地域的分布上也反映了这一过程。由夏禹开创的夏朝的中心区域是在地势较高的豫西与晋南地区。夏朝的安定与繁荣应该说是与治好这一地区的水患有一定联系。但是，在豫东及其附近的黄河下游地区，仍未能摆脱水患。住在这一地区的商族不得不继续治水，以谋求自己的生存与发展。商族的确在治水方面作出了重大贡献。商族始祖契相传是禹治水的助手，以后相继出现一些治水能手。尽管如此，商族在夏朝时期就已迁移 8 次，商朝建立后又迁都 5 次。直到盘庚把都城迁到殷以后才稳定下来。据史料记载，迁都的原因主要是水患。由此可见，在黄淮海平原求发展是十分艰苦的。商族的强大以致最后征服夏族，可以说同开发这一平原取得的胜利有一定关联。



据古地理学家谭其骧的考证，在黄淮海平原北部的河北省中部平原一直到战国时期都还没有村镇遗迹，说明这里还是无人居住的地方。谭其骧说，只有“在黄河两岸修建堤防”后，人们才能迁入，也就出现了村镇遗迹。这一事实说明，由夏禹开始的治水过程，就是农业向平原的转移过程，也就是中国古代开拓黄淮海平原的过程。这一过程到战国时期才算完成。由此可见，中国古代的治水过程，同黄淮海平原开发过程是重合的，同中国古代文化的形成过程也是重合

**拓展阅读**

**黄河概述**

黄河，全长约 5464 千米，流域面积约 79.5 万平方千米，是中国第二大长河，世界第五大长河。它发源于青海省青藏高原的巴颜喀拉山脉北麓的卡日曲，呈“几”字形。流经青海、四川、甘肃、宁夏、内蒙古、山西、陕西、河南及山东 9 个省区，最后流入渤海。由于河流中段流经中国黄土高原地区，因此夹带了大量的泥沙，所以它也被称为世界上含沙量最高的河流。

的，战国时代治水结束，中国古代文化也开始进入最灿烂光辉的时期。

漫长的治水过程是中国古代文化得以发展的一大契机，而在其他文明古国所未见的。尽管其他文明古国在灌溉工程的建设上也取得了辉煌的成果，但却远未能像中国这样改变土地的面貌，为民族的形成创立了基业，为民族的发展争取了广阔的土地。

## ◎ 气候的复杂性与朴素辩证思想

中国古代复杂的气候条件也同中国古代朴素的辩证思想有关。阴阳学说是中国从古以来有代表性的一种学术思想。阴阳是矛盾对立统一的两面。它也反映了中国气候的复杂性。因为这里的“气候”有资源的一面，也有灾害的一面；有正灾害（如涝、热）的一面，也有负灾害（如旱、冷）的一面。阴阳学说渗透到中国古代几乎所有的自然科学领域与社会科学的领域。如中医学的“阴平阳秘”（人体阴阳的相对平衡与协调）是正常生理活动的必要条件，否则会生疾病。兵书中的“虚实”、“奇正”等也是例子。夏禹治水也是在正确解决“堵”与“导”两种相互矛盾方针关系的基础上取得的丰富多彩的人类历史是在一定的自然条件与社会条件的舞台上展开的。中国历史的独特性也必然同这些条件有一定关系。分析黄河中下游气候的特殊性，未必能找到问题的解答，但却有值得思索的内容。

**你知道吗**

### 什么是中医学

中医学以阴阳五行作为理论基础，将人体看成是气、形、神的统一体，通过望、闻、问、切四诊合参的方法，探求病因、病性、病位、分析病机及人体内五脏六腑、经络关节、气血津液的变化、判断邪正消长，进而得出病名，归纳出证型，以辨证论治原则，制定“汗、吐、下、和、温、清、补、消”等治法，使用中药、针灸、推拿、按摩、拔罐、气功、食疗等多种治疗手段，使人体达到阴阳调和而康复。

# 节 气



节气指二十四时节和气候，是中国古代订立的一种用来指导农事的补充历法。由于我国传统农历是一种“阴阳合历”，即根据太阳也根据月亮的运行制定的，因此不能完全反映太阳运行周期，但中国又是一个农业社会，农业需要严格了解太阳运行情况，农事完全根据太阳进行，所以在历法中又加入了单独反映太阳运行周期的二十四节气，用作确定闰月的标准。二十四时节在各季节的分布如下：

春季：立春　雨水　惊蛰　春分　清明　谷雨

夏季：立夏　小满　芒种　夏至　小暑　大暑

秋季：立秋　处暑　白露　秋分　寒露　霜降

冬季：立冬　小雪　大雪　冬至　小寒　大寒

# 从农业社会说起

中国是世界农业的起源中心之一，也是典型的农业社会。那么最早的农业是怎么来的呢？

## ◎ 神农氏的传说

相传在远古时期有一个杰出的部落首领叫神农氏。神农氏一出生就异于常人。他的肚子是透明的，可以清清楚楚地看到吃到肚子里的东西。在神农氏小的时候，包牺氏是部落首领。包牺氏仿照蜘蛛网的样子把绳子结到一起织成了渔网，教会了大家捕鱼。这说明当时正处于渔猎阶段，人们还不会种植庄稼。

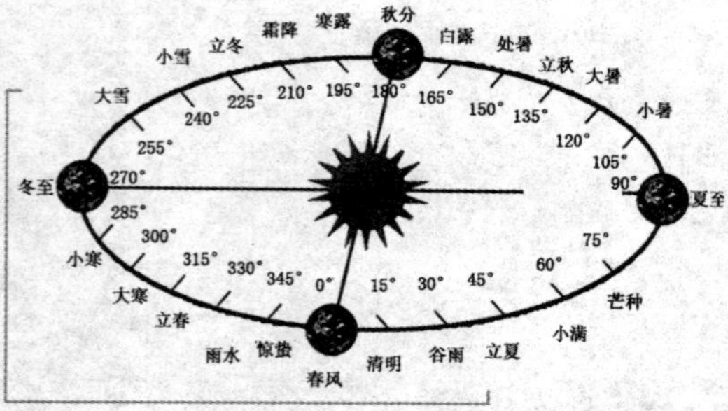


地球公转和节气图

后来包牺氏去世了，人们推举神农氏为新的部落首领。这时部落的人数越来越多了，单纯地靠渔猎已经不能满足大家的生活需要了。于是，有的人开始吃野草的种子。那个时候人们还分不清哪些东西可以吃，哪些东西不可以吃。所以很多人因为误食有毒的种子而死去。

神农氏看到自己的百姓因为误食有毒的植物而死，心里非常难过。他亲自到野地里去尝百草，看哪些可以吃，哪些不可以吃。他把可以吃的东西都放到身体左边的袋子里，不可以吃的东西放在身体右边的袋子里。这样大家就知道哪些东西可以吃，哪些东西不可以吃了。神农氏尝尽百草以后，就把身体左边袋子里的种子保存了下来。然后，神农氏教会人们制作斤、斧、耒、耜等农具，把种子种到了土里。原始农业就这样产生了。

神农尝百草

实际上，神农氏尝百草的过程也就是原始人类对野生植物选育的过程。这个过程应该经历了一个漫长的时间。据古籍记载“神农尝百草，一日遇七十毒”，可见这个过程充满了艰辛和风险。

## ◎ 原始农业

考古发现也证实了中国是世界农业文明的发源地之一。中国新石器时代的农业遗址已经发现了成千上万处，分布在从岭南到漠北，从东海之滨到青藏高原的广阔大地上，尤以黄河流域和长江流域最为密集。农业的发生，是从驯化野生植物开始的。人类在长期的采集生活中，积累了相当丰富的有关植物的知识。这些知识正是原始人类得以驯化植物的先决条件。一旦由于环境变化引起开辟新的食物来源的需要，原始种植业就应运而生了。神农氏的故事正是这一历史过程的形象说明。

考古学家在黄河流域发现的迄今最早的农业遗址，是分布在河南中部的裴李岗文化和分布在河北中南部的磁山文化。它们距今有七八千年。农业已是当地居民最重要的生活资料来源。出土的农具从砍伐林木、清理场地和加工木器用的石斧，松土或翻土用的石铲，收割用的石镰，到加工谷物用的石磨盘、石磨棒，一应俱全，制作精致。可见当时的原始农业的

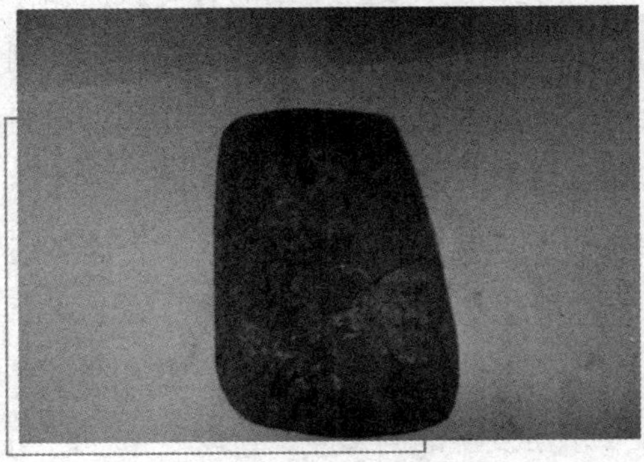

新石器时代的石斧

发展水平已经相当高了。裴李岗文化和磁山文化遗址出土的主要作物是粟，也就是人们常说的谷子。考古学家在河北武安磁山遗址发现了大量窖藏的粟。这说明当时的人们已经过着相对定居的生活，村落开始形成了。

裴李岗文化和磁山文化之后就是著名的仰韶文化。仰韶文化距今 5000 ~ 7000 年。它以关中、豫西、晋南一带为中心，东至河南东部和河北，南达汉江中下游，北到河套地区，西及渭河上游和洮河流域。仰韶文化农业生产水平有了显著的提高，突出标志之一是出现了面积达几万、十几万，甚至上百万平方米的大型村落。仰韶文化时期，原始人类仍然主要种植粟等作物。考古学家还在仰韶文化文化晚期遗址中发现了水稻和蔬菜的种子。这说明在 5000 年以前，北方地区的原始人类就已经开始种植水稻和蔬菜了。

仰韶文化遗址

在仰韶文化之后是距今 4000 ~ 5000 年的龙山文化，它分布于西起陕西，东到海滨，北达辽东半岛，南到江苏北部的广大地区。由于原始共同体的分化和走向瓦解，龙山文化村落的规模比仰韶文化时期小，但农业生产工具有明显的改进。石铲更为扁薄宽大，趋于规范化，便于安柄使用的有肩石铲和穿孔石铲普遍出现，双齿木耒也被广泛使用。半月形石刀、石镰、蚌镰等收割农具的品种更全、数量更多。作物种类与仰韶文化时的种类大体相同，但粟黍在经济生活中的地位更加重要。用 C—13 测定原始人的食谱表明，粟黍类在食物中的比重，仰韶文化时期为 50%，龙山文化时期为 70%。适合储藏粮食的口小底大的袋形窖穴显著增多；有些遗址还出土了仓廪的模型。

当仰韶文化在北方蓬勃发展的时候，在长江中下游地区，原始人类也开始了农业生产活动。考古学家在长江中下游发现的河姆渡文化就是这一时期的典型代表。河姆渡文化遗址距今 7000 余年，当时已有了比较发达的稻作农业。考古学家在河姆渡文化遗址中发现了大量的稻谷。这里的稻谷是以粳稻为主的籼粳混合物。与稻谷同时出土的还有用鹿骨和水牛肩胛骨加工成的骨耜等，说明这一时期人们已懂得饲养猪、狗和水牛等家畜了。

河姆渡人生活场景复原图

公元前3300～前2200年长江下游的良渚文化时期，原始水田农业发展到了一个新的阶段。出现了数量不少的用于水田耕作的石犁铧和用于开沟的斜把破土器。水稻仍是主要的农作物，但作物种类有所增加。家畜仍是猪、狗和水牛。养蚕栽桑成为新兴的生产项目。采猎在社会经济中的比重随着农牧经济的发展而下降。

在长江中游的湖北、湖南和四川中部等地，分布着大溪文化和屈家岭文化，时代相当于中原的仰韶文化晚期和龙山文化早期。这里的居民也以种稻为主，稻种则多为粳稻。石质农具比较多，显示出不同于长江下游的特色。当地居民也从事畜牧和采猎。近年来，长江中游地区的早期稻作遗存不断有新的发现。例如，在距今9000年的湖南澧县彭头山遗址中，发现了保存在陶片和红烧土中的炭化稻谷；与彭头山文化时代相近、经济面貌相似的湖北城背溪文化等也发现了早期稻作遗存。同属长江水系的陕南汉中盆地的李家村和何家湾遗址，也有距今七八千年的稻作遗存出土。最近，在湖南道县玉蟾岩遗址，又出土了距今1万年左右的栽培稻遗存。由于这一系列的新发现，长江中游原始农业的发生和发展，已日益引起人们的关注。

种种考古发现表明，中国是世界农业文明的发源地之一。最迟在8000年前，生活在中国境内的原始人类就已经开始了农业生产活动。农业生产的出现必然要求原始人类对气候等要素进行研究。当然，对气候的研究也是一个漫长的历史过程。可以说对气候的研究伴随着农业文明的发展，一直延续到了今天。

# 什么是节气

## ◎二十四节气的由来

立春、清明、夏至、立秋、冬至……这些节气的名称，大家都很熟悉。但是什么是节气呢？二十四节气是中国古代人民一项了不起的发明，是世界上独一无二的历法。随着中国古代历法的对外传播，从近代起，又随着华侨的足迹所至，二十四节气已在全世界广泛流传。

二十四节气的发明，与中国古代发达的农业和科技有很大的关系。农业生产与季节、气候关系非常密切，中国古代劳动人民很早就知道了气候变化与太阳的位置有关，所以，就发明了用土圭（guī）来观测日影，以此来决定季节。所谓“土圭”，其实就是一根简单的杆子，把杆子插在土里，阳光就会在地上投下一条影子。古人每天中午测看日影，发现一年里日影的长度发生着很有规律的变化：从夏到冬，日影由最短逐渐变到最长；从冬到夏，日影又从最长变成最短。于是古人把日影最长的那一天和最短的那一天统称为“日至”。“至”就是到顶的意思。他们把日影最长的这天，叫做“日长至”，或叫“长至”，也就是“冬至”；把日影最短的这天叫做“日短至”，或叫“短至”，也就是“夏至”。

复原的土圭

后来，古人又在春、秋两季里，发现各有一天白天和夜晚的时间相等，于是就规定这两天分别为“春分”和“秋分”。

到战国后期的《吕氏春秋·十二月纪》里，已经记载了立春、春分、立夏、夏至、立秋、秋分、立冬、冬至这八个节气的名称。这八个节气是二十四节气中最重要的节气。二十四节气的全部名称，最早出现在西汉的《淮南子》一书中，距今已有两千年。从地下出土的文献完全可以证明，中国在西汉时期就已经用节气注历，所以早在两千多年前，古人只要观看历书，就能很方便地掌握季节了。

基本小知识

### 《淮南子》

《淮南子》又名“淮南鸿烈”、“刘安子”，是我国西汉时期创作的一部论文集，由西汉皇族淮南王刘安主持撰写，故而得名。该书在继承先秦道家思想的基础上，综合了诸子百家学说中的精华部分，对后世研究秦汉时期文化起到了不可替代的作用。



## ◎二十四节气与地球公转

实际上，二十四节气是根据地球绕太阳公转的运动规律制定的，因此每一个节气都能真实地反映太阳所在的位置。地球绕太阳运行的轨道，也就是太阳在天空中周年视运动的轨道称为黄道，分圆周为360°。二十四节气以春分点为起点，将黄道等分为24段，每段为15°，太阳每移行15°就表示到了一个节气。由于太阳走完每段所用的时间大致相同，因此二十四节气在公历中的日期基本变化不大，上半年的十二个节气一般都在每月的6日和

广角镜

### 公历传入中国的历史

现行公历即格里历，是由意大利医生兼哲学家里利乌斯改革儒略历制定的历法，由教皇格列高利十三世在1582年颁行。中国在1912年1月1日，中华民国成立时，以公历取代传统的农历，定格里历为国历，但年份不使用公元纪年，另设民国纪年。中国不久后进入军阀割据时期，不同军阀使用不同历法。1928年10月国民党北伐统一中国，中华民国政府命令自1929年1月1日起使用公历。1949年10月1日，中华人民共和国成立，取代中华民国统治中国大陆，继续使用公历，但年份改以公元纪年。

21 日左右；下半年的十二个节气在每月 8 日和 23 日左右，前后最多相差一两天。

由于中国地域广大，幅员辽阔，不同地区气候差异很大。二十四节气并不适合于每一个地区，主要适用于长江和黄河中下游地区。

## ◎二十四节气的名称

二十四节气的名称，是古代人民从生产、生活实践中概括总结出来的。这些名称的含义有的属于天文学方面，有的属于气象方面，也有的属于物候和农作物方面，基本上反映了一年中各个季节和时令的特征。

（1）反映不同季节的，有 8 个节气：立春、春分、立夏、夏至、立秋、秋分、立冬、冬至。

（2）反映物候现象的，有 4 个节气：惊蛰、清明、小满、芒种。

（3）反映气候变化的，有 12 个节气：雨水、谷雨、小暑、大暑、处暑、白露、寒露、霜降、小雪、大雪、小寒、大寒。

由于二十四节气能全面准确地反映季节和气候的变化，与农业生产关系密切，因此具有很强的实用性。中国古代劳动人民结合二十四节气，编出了许多掌握农时节令的歌诀、农谚，比如“小满前后，安瓜点豆”、“清明谷雨两相连，浸种耕田莫迟延”、“栽树莫要过清明，种上棒槌也发青”，“冬至菜花年大麦”，“冬至有霜年有雪”，“冬至多风，寒冷年丰”等等，一直流传到今天。根据节气，人们能很熟悉地知道该干什么农活。

### 拓展阅读

**黄道十二宫**

在天文学上，以地球为中心，太阳环绕地球所经过的轨迹称为“黄道”。太阳在黄道上自西向东运行，每年环“天”一周。在黄道两边的一条带上分布着十二个星座，它们是白羊座、金牛座、双子座、巨蟹座、狮子座、处女座（室女座）、天秤座、天蝎座、人马座、摩羯座、宝瓶座和双鱼座。地球上的人在一年内能够先后看到它们。

二十四节气和这些根据各地不同气候特点编制的农谚、歌诀，大大帮助和促进了中国农业生产的发展。所以，公历虽然已在中国使用几十年了，但是二十四节气在中国仍然非常流行。我们现在的日历上仍然可以查到它。

## 二十四节气的科学性

中国古代劳动人民创造的二十四节气并不是凭空想象的，而是十分科学的。因为一年中二十四节气的时序变化，也正好对应了一年中气温、气候、农事方面的种种变化。在这里，我们就详细地讲一讲这个年复一年、周而复始的变化过程。为了叙述方便，我们根据二十四节气歌的顺序来逐一讲解。

### ◎春雨惊春清谷天

1. 立春：2 月上旬。标志着冰河解冻，万物复苏，春回大地，生机四起，万象更新。北国那种千里冰封、万里雪飘的景象快要结束了，春天就此开始。从此，天气逐渐转暖，雨水也开始多起来。风不再那么刺骨的寒冷，似有“大地微微暖气吹，春风燕来柳上归”的诗意。人们自然会联想到一幅腊梅迎春“冬去山明水秀风光好，春到鸟语花香景色新”的画面。这时春意虽已来临，但寒气却尚未褪尽，所以仍会给人以春寒料峭之感。由于在天文历法上通常以自“冬至”之日起的第四十五或四十六天作为“立春”之日固定不变，由此便产生了人们常说的春打五九尾或春打六九头的节气谚语。

青蛙等冬眠的动物在惊蛰前后苏醒

2. 雨水：2 月下旬。标志着大范围降雪已经停止，开始进入下雨季节

（但不排除有时的小雪）。中国东南一方的暖湿气流开始登陆，雨水逐渐增多，慢慢勾勒出一幅“千里莺啼绿映红，春雨润物细无声”的画面。

3. 惊蛰：3 月上旬。标志着天空开始打雷，气温、地温逐渐升高。被严冬蛰伏而冬眠的昆虫等生物开始复苏、外出活动。一到“惊蛰”，人们自有“平地一声春雷响，惊得万物醒梦乡。花草树木竞相绿，山川将欲换新妆”的感觉。此时步入田间，眼下麦苗已开始展现青色，极目遥望，远山近水，可见已是“草色遥看近却无，路旁杨花将欲吐”的景象。

**趣味点击** 咬春趣谈

立春日吃春饼称为“咬春”。民间在立春这一天要吃一些春天的新鲜蔬菜，既为防病，又有迎接新春的意味。清人专有《咬春诗》：“暖律潜催腊底春，登筵生菜记芳辰；灵根属土含冰脆，细缕堆盘切玉匀。佐酒暗香生匕柍，加餐清响动牙唇；帝城节物乡园味，取次关心白发新。”

4. 春分：3 月下旬。此时太阳光直射赤道。自此开始，气温明显回升（在气象上称之北方春天开始），这一天白天与黑夜时间基本上各占一半。如细心观察，这时候太阳正东升起，正西落下。从此以后，白天时间都要长于夜间的时间，这主要是由于北半球自“春分”后阳光直射点逐渐北移。随着“春分”后阳光直射点的逐渐北移，而此时在北极处，漫漫长夜则告退而去，持续的白昼从此开始，这称为“极昼”——太阳一直在地平线之上，这种极昼现象可持续达半年之久，即持续到秋分时节，使北极形成极昼区域。“春分”的到来，人们明显地感到天明得早，给从事农业的人们一种时间上的紧迫感。此时在物候上，杨花竞开、柳枝呈绿，田间小麦起身，可谓“春日一刻值千金”。俗话说，春争日、夏争时，误了农时怨自己。要求人们要从前段时间的冬闲欢乐、意犹未尽的精神状态下迅速解脱出来，同时提醒人们春季时光如从“立春”算起已过去一半了，要尽快投入紧张的生产劳动中去。

5. 清明：4 月上旬。此时气候转暖，草木萌动，天空清澈明净，万物欣欣向荣。说到清明，由于历史和民间风俗的原因，现今已不仅是一个节气的名称，而且更演化成了一个人们较向往的春季节日。“清明”时节，春风和熙，春意盎然，置身其境，但见春光明媚，春景如画，更有千山秀色，草木青青，给人一种心旷神怡的明快感觉。清明期间，人们往往会结伴外出，郊游踏青或行田间，或临溪流；或登山岗，或赏林木。有兴趣者，更会扎架子荡秋千、放风筝飞鹞子，甚至携带妻女到野外去挖荠菜，等等。这一天如遇阴雨，更有另一番情趣。人们便会联想到“沾衣欲湿杏花雨，吹面不寒杨柳风”；“清明时节雨纷纷，路上行人欲断魂。借问酒家何处有，牧童遥指杏花村”；“南朝四百八十寺，多少楼台烟雨中”等描写春的诗句而更使人感到韵味无穷。国家机关、学校、团体也在这一节气期间组织人们去陵园、公墓对革命先烈进行凭吊、悼念和祭扫活动。农家则多有上坟拜墓的习俗。那种“清明祭扫各纷然，泪血染成红杜鹃，夜归儿女笑灯前”的景象不时映入眼帘。

在此需要强调指出的是，在中国广大农村中常流行有“三月（农历）初三正清明”的说法。这种说法其实不妥。应当说，“清明”有可能在农历三月初三，但也并非年年如此，其间不存在必然的联系，更不存在“正”与“不正”之说。如查阅1979年科学出版社出版、中国科学院南京紫金山天文台编写的《1901～2000年百年日历表》一书可得知，在20世纪这100年

## 拓展阅读

### 清明节植树、插柳习俗从何而来

清明节植树的习俗，发端于清明戴柳插柳的风俗。是什么原因使得平凡的柳条有了如此非同寻常的身价？有三种传说。最古老的传说，是说为了纪念教民稼穑耕作的祖师——神农氏，后来由此发展出祈求长寿的意蕴。再晚点的传说与介子推有关。据说晋文公率众臣登山祭奠介子推时，发现介子推死前曾经靠过的老柳树死而复活，便赐老柳树为“清明柳”。更晚点的传说是唐太宗给大臣柳圈，以示赐福驱疫。这三种说法有一点是相通的，那就是都相信柳枝具有灵性，可以辟邪。

当中，“清明”正是农历三月初三的只有3次，即1916年、1954年和1973年。然而真正的所谓“正”应当是以公历而论，“清明”节一般是在公历4月5日。在20世纪的这100年中，“清明”在公历4月5日的有79次，而在4月4日的有7次（即1976、1980、1984、1988、1992、1996、2000年），在4月6日的有14次（即1902、1903、1906、1907、1910、1911、1915、1919、1923、1927、1931、1935、1939、1943年）。因此说，与其说农历三月初三“正清明”，倒不如说公历4月5日“正清明”更确切一些。

“清明”过后，农人必须进行春播作物种植的准备工作了。

6. 谷雨：4月下旬。标志着此时自然界雨量开始增多，适于谷物的生长。雨，即“雨生百谷”的意思。许多作物在此节气前后即开始种植。常言道，谷雨前好种棉，谷雨后好种豆。生活中，厚实的冬装早已脱下，轻便的衣物代而上身。这期间如果郊游山冈、原野，则可见到处是一派“山花烂漫”“郁郁葱葱”的景象。

**广角镜**

**谷雨与农谚**

谷雨天，忙种烟。谷雨有雨棉花肥。谷雨有雨好种棉。谷雨种棉家家忙。

过了谷雨种花生。苞米下种谷雨天。谷雨前后见家吉（鱼）。

谷雨下秧，大致无妨。谷雨前后，种瓜点豆。

谷雨麦怀胎，立夏长胡须。谷雨麦挑旗，立夏麦头齐。

谷雨前结蛋，谷雨后拉蔓。谷雨种棉花，能长好疙瘩。

## ◎夏满芒夏暑相连

1. 立夏：5月上旬。这一节气标志着春天已经过去，夏季即将来临。由于气温继续升高，天气将逐步热起来，雷雨开始增多，人们就要进入紧张的夏忙季节了。常言道：“立了夏，便把扇子拿。”

2. 小满：5月下旬。标志着冬麦区的小麦、大麦等夏收做物籽粒逐渐饱满，但尚未成熟，故称“小满”。中国各地习于农时劳作的人们将为夏收做好各种准备。生产中，按照以往的习惯，如滚麦场、买草要子、检修收割机械、联系玉米套种耧等准备工作开始进行。

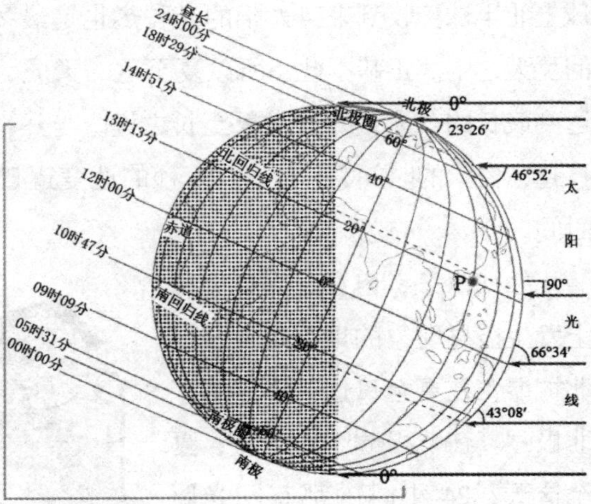


夏至日全球的昼长和正午太阳高度角

3. 芒种：6 月上旬。“芒”，指各种带有“芒”的作物，如小麦、大麦等；“种”，即种子的意思。“芒种”表明小麦、大麦已经成熟，并在近期要予以收割。同时，还说明晚谷、黍、稷等作物要播种，此时是最忙碌的季节。“芒种”前后，在北方地区到处呈现出一片田间机器隆隆作响，金灿麦粒滚滚入场，妇幼忙碌奔走如梭，人声鼎沸、天际回荡的动人画面。这一节气告知人们夏季的时间如从“立夏”之日算起，已过去一半。

**拓展阅读**

**芒种的古代划分**

我国古代将芒种分为三候：“一候螳螂生；二候鹏始鸣；三候反舌无声。”在这一节气中，螳螂在去年深秋产的卵因感受到阴气初生而破壳生出小螳螂；喜阴的伯劳鸟开始在枝头出现，并且感阴而鸣与此相反，能够学习其他鸟鸣叫的反舌鸟，却因感应到了阴气的出现而停止了鸣叫。

4. 夏至：6 月下旬。夏至日时，阳光直射北回归线，达到最大限度的北移，并影响到北极圈。标志着这时太阳在黄道上已运动到最北的位置上。由于太阳光正直射北回归线，故常有烈日当空、炎热如烤之感。在北回归线以北的所有地区，太阳都是在夏至时到达最高位置，也就是最接近直射的位置，而且此时白天的时间是最长的，也是日照时数最高的。正是由于这一原因，地球上北半球接收到来自太阳的光和热也是最多的，整个北半球都处于最炎热的夏天之中。正基于此，所以夏至这一天成为中国北方各地一年内白天时间达到最长的一天，即通常夏至长之说。当然，炎热的夏天自夏至开始，自翌日起，白天的时间将以 1 分 20 秒的速度逐日减少，而黑夜则相应增长这一时间。

如细讲来，自春分后，地球上发生极昼现象的地区也逐日向北扩展，在夏至日这天扩展到了北极圈。在北极圈上的地方，夏至这天，24 小时内都有阳光照射，真正是“不落的太阳”。如俄罗斯的萨列哈尔德城，午夜前后人们会看到太阳从西北天空斜落下与正北点的地平面稍接触后，又朝东北天空斜斜升起，当然这种现象仅限夏至这一天。愈靠近北极，即俄罗斯萨列哈尔德城及白令海峡以北地区，极昼持续天数越多；同时正午时太阳的高度愈低，阳光也斜射得愈厉害。到了北极，极昼天数可持续达 191 天。然而，这同一时期，地球上南半球的南极圈 24 小时内全为黑夜，称为“极夜”。地球的两端分别有大约半年时间为“极昼”，另外半年时间则为“极夜”，不过极夜时间比极昼时间略少，为 174 天，只是南、北极地的这种极昼、极夜在发生的时间上恰恰相反。就中国来说，南方广州和北方的哈尔滨两城市（粗略看成在一个经度线上），夏至日时，日出时间上有不同，前者日出为 5 时 42 分，后者为 3 时 43 分，后者较前者日出几乎早 2 小时。可以看出越往北，阳光照射越早。夏至这天在中国黑龙江省最北部的漠河，晚上（约）11 时 40 分太阳才落，近凌晨 1 时太阳又出，达到夜间最短，白天最长。这一现象成为国内一自然天文景观，历年来吸引大批旅游和天文

你知道吗

**我国最东、南、西、北端各在哪里**

我国领土最东端在黑龙江省的黑龙江与乌苏里江主航道中心线的相交处（135° E），最西端在新疆帕米尔高原（73°E），最北端在黑龙江省漠河以北的黑龙江主航道中心线上（53°N），最南端在南沙群岛曾母暗沙（3°N）。

爱好者，成为其观“光”的必去之地。夏至这一节气标志着高温，树木花草的生长也极度旺盛。这时期，烈日高照，骄阳似火，灼地欲焦，大气相对湿度很低，真可谓是“赤日炎炎似火烧”。田间劳作，则汗流浃背，大有烟冒口舌之感。这一季节不利于人们生活的一些因素也随之而来，如病菌的蔓延、食品易变质等。但农人多抓住这一高温季节，争分夺秒到农田锄草，正所谓“锄禾日当午，挥汗赛如雨，及早把荒灭，以防伏天苦”。

5. 小暑：7 月上旬。“暑”为酷热。这一节气表示已开始进入炎夏季节，不过仅是开始，“小”字的意思即在于此。小暑过后不久，天气将更炎热，并即将进入湿热的气候阶段，同时也预示伏天快要来到。

6. 大暑：7 月下旬。标志着一年中最炎热的时期就此开始。“大”有“很”的意思，即进入“大热”或曰“闷热”的天气阶段。通常秋收作物能否获得好的收成，在很大程度上就取决于这一时段的光照和雨量。在正常年景下，小暑至大暑这一期间，天气光热充足，雨量充沛，非常适合秋作物的生长。不过这一时期天气变化无常，雷雨频繁，人们外出要时常携带雨具。这时因正处中伏阶段，生活中总感到潮湿、闷热，整日浑身汗淋淋的，每日只有近午夜时分才始感稍有凉意，这期间食品极易变质。此时田间劳作，多以早、晚进行。由于雷雨多，农田锄草往往不尽人意。这一季节又是全年降雨量最为集中的时期，所以，又是防汛的关键时期。

## ◎ 秋处露秋寒霜降

1. 立秋：8 月上旬。意即秋天就要开始了。“秋”指作物快要成熟的意思。通常立秋后的当天或次日，人们一早一晚会感到风凉了，一改往日汗淋淋的样子，确有清爽利落之感。生活中自有“立了秋，便把扇子丢”“早上立了秋，晚上凉嗖嗖”之谚语。立秋后，虽使人有月明风清、“秋风明月本无价，近水远山皆有情”的那种盼望已久的纵情之怀，但也颇有“早穿棉袄午穿纱”的那种“脾寒”天的感觉。立秋一到，人们自然会联想到“立秋十八天，寸草皆结顶”的农谚，即是说再过半个多月，各种花草树木、农作物等，其生长的高度即将停止，没有抽穗的作物也在这一时期完成抽穗的生长发育。这一节气后，天气仍处较高的气温阶段。所以，农谚中常有“秋老虎”之说，亦即中午有时还相当热，但总的趋势是气温将从此开始缓缓下降了，雷雨天气亦逐趋减少。该节气后每降一次雨，气温也随之下降一次，“一场秋雨一场寒”之说即在于此。此时田间劳作，仰望苍穹，使人往往有时而天高云淡，时而乌云滚滚，给人以风云变幻莫测之感。

2. 处暑：8 月下旬。“处”有躲藏、收起、终止之意。该节气向人们昭示，炎热的夏季即将过去，从此，人们将置身于凉爽的气候环境中。从气象角度来说，处暑是气温由高到低的转折点。因此，处暑后天气就逐渐凉起来了，生活中纳凉扇子之类也似乎开始闲置起来了。

3. 白露：9 月上旬。该节气表示天气逐渐转凉，白露后气温降得较快，更易达到成露的条件，多呈现出白天气温高，晚上气温低的天气。空气中的水汽将因气温降低而冷凝形成露水，且较多较重。生产中，已进入秋收大忙阶段。

**知识小链接**

### 立秋诗词两首

立秋 · [宋] 刘翰

乳鸦啼散玉屏空，一枕新凉一扇风。
睡起秋声无觅处，满阶梧桐月明中。

立秋前一日览镜 · [唐] 李益

万事销身外，生涯在镜中。
惟将两鬓雪，明日对秋风。

4. 秋分：9 月下旬。太阳由北半球再次越过赤道回到南半球，因阳光又一次直射赤道，所以这一天，白天、黑夜时间再次（粗略）相等。这一时节，人们立于田间仰望苍穹，自有天高云淡、秋高气爽的感觉。生活中一早一晚大有气温由凉变冷，确需身着厚衣之感。从天文来说，北半球自秋分，在北极点则是开始另一番景色。太阳终日在地平线以下，一天24小时都在漫漫的长夜中度过。天文上称之为“极夜”现象。极夜期间，极地地区失去了阳光的照射，异常寒冷。粗略地说，自秋分以后，北半球白天时间将以1分20秒的幅度逐日减少，夜间相应增加这一时间。同时也向人们昭示，秋季的时间已过去了一半。此时农田劳作已进入高度繁忙阶段。田间四处可闻机器隆隆之声，展现出一幅幅紧张的劳动画面。正所谓“秋风劲吹四炊烟，妇孺忙碌在田间，昨日青纱犹满目，今朝一望见苍山，沃土犁下腾翻起，人声鼎沸响耳边，车水马龙连天际，金灿麦种播入田”。

5. 寒露：10月上旬。标志着天气虽已凉爽，却尚未寒冷，露集渐浓，还未成冰。“寒”即露之气，先白而后寒。此时草木已渐枯萎，如仰望苍穹，天高云淡、近水远山皆清晰可见，一旦秋风吹来，有阵阵作寒的念春之感。农人田间劳作相对减少。偶尔田间劳作，不时会看到天空大雁成“人”或“一”字形由北向南翩然飞去的情景。人们自然会联想到“雁向南，衣裳棉”的谚语。生活中，一早一晚要着装毛衣。由于气温逐渐下降，要求人们要加快三秋工作进度。



6. 霜降：10月下旬。表示天气将渐渐寒冷起来，不久，则露积为霜。早上一旦见霜，人们自然会联想到毛泽东早年所作的《贺新郎》一词中“今朝霜重东门路，照横塘半天残月”的柔肠寸断的悲壮诗句。自此后，将因气温的下降出现霜冻，生产中要求人们田间要尽快结束三秋扫尾工作。霜降过后，一旦郊游山冈，四处便是一幅“万木霜天红烂漫”“霜叶红于二月花”的深秋初冬画面。同时，人们内心油然升起“月过十五年过秋，一年时快到

枫叶在霜降后开始变红

头”那种对时光悄然逝去和人生短暂的惋惜伤感之情。

## ◎冬雪雪冬小大寒

1. 立冬：11 月上旬。冬，是终了的意思，又是指作物收割后要收藏起来的意思。生产中，有立冬萝卜、葱之说，即指这类作物此时要予以收割贮存。从天文角度讲，自即日起，冬天便开始了，人们将生活在比较漫长的寒冷季节里。

2. 小雪：11 月下旬。此时，气温仍继续下降，开始降雪，但并不很大。在中国北方，已到了河塘、水坝开始进入封冻季节。寒风吹来，使人大有“高天滚滚寒流急”“已是悬崖百丈冰”之感。此时田间仅做大白菜的收贮工作。农田劳作基本停止。由于不断降雪，农谚中有“小雪雪满天，来岁必丰年”之说。

3. 大雪：12 月上旬。这一节气表示气温继续下降，鹅毛大雪将随时而至，并会给地面造成积雪。大，指降雪的程度。此时，大地冰封，河塘冻结。常有“大雪不封地，不过三五日”之说。一旦阴云，人们自感随时会有“雪压冬云白絮飞，万花纷谢一时稀”和“千山鸟飞绝，万径人踪灭……独钓寒江雪”那幅严冬时节的壮丽画面将展现在眼前。一旦降雪，到处则是银妆素裹的北国风光。当看到那挂满了雪的松柏，又会联想起陈毅元帅的“大雪压青松，青松挺且直”的诗句，做人的浩然正气顿时从胸中涌起。

4. 冬至：12 月下旬。北半球这一天白天时间达到最短，而夜间时间达到最长。这是由于此时北半球的北极圈上（即北纬 66.5°处），如同夏至时南极那样处于极夜时期。对于北极来说，极夜可一直持续 174 天。自翌日起，白天时间又将以 1 分 20 秒的幅度逐日增加，而夜间将相应减少这一时间。生活中，人们会感到天黑得早、明得晚，大有长夜难明之感。“冬”为“冷”，“至”为“到”，又有接近更寒冷的意思。这一节气，标志着较寒冷的天气即将开始。在天文历法中，为表示冷的开始和程度，常在编印的日历上以“九”表示，即所谓一九、二九……九九。“九”是自“冬至”起，即在八十一天内天气较寒冷，而又以第三个“九”为最寒冷。所以又有“三九严寒”的说法。

5. 小寒：1 月上旬。“寒”即冷的意思。表明已经进入一年中的寒冷季节，但还没有达到最冷的程度。

6. 大寒：1 月下旬。指气温降至最低点，天气冷到极点。这是一年中最严寒的季节。此时天气确有寒气逼人、滴水成冰之势。一有降雪，到处则是一片冰雪世界。通常“冷在三九”之说即在于此。习惯农时劳作的人们，此时往往将土杂肥运往田间，称为“腊肥”，借以给小麦保温安全越冬。生活中，人们将为即将到来的春节做各种筹备，置办年货。由于生活的整个空间被寒气所包围，人们如同置身于天然的“冰柜”之中，所以食品随意放置，长时间也不易变质。



## 节气与历法

什么是历法？历法是怎样产生的呢？历法和节气之间有什么关系呢？我们将在本节内容中详细地解答这些问题。

### ◎中国古代的历法

远古时代，中华民族的祖先在集体狩猎和采集野果的过程中，对自然界寒来暑往、月亮圆缺、昼夜交替以及野兽出没和植物生长的规律有了初步的认识。当人类进入农耕社会以后，在长期的生产实践中，人们体会到大自然寒来暑往的季节变化与农作物的播种和收获关系极大。只有正确地掌握季节时令，才能不误农时，及时耕种，保证丰收。于是人们利用植物的枯荣、候鸟的迁徙、动物的蛰伏等物候变化来推测时间，确定农时。比如，贵州省瑶族只要听到布谷鸟的叫声，就开始播种；处于原始社会状态的云南省拉祜族一看到蒿子花开就开始翻地；而傈僳族则以山顶积雪的变化来预报农时。由

徐光启像

于人们对寒来暑往、季节交替的认识，产生了年、月、日的概念，诞生了最原始、最粗糙、最简单的历法。古老的中国从殷商时代就出现了有文字记载的日历。在三四千年的时间里，一直沿用自己独特的历法系统。其间大致可分为四个时期，即准备时期：从夏、商、周到春秋战国初期为观象授时，制定科学历法的准备时期；古历时期：汉武帝太初元年以前所采用的历法；中法时期：从汉太初历始至明大统历为止；中西合法时期：从明末徐光启主持历局，编纂崇祯历书始，到辛亥革命止。历法中虽然是采用西欧方法和数据，但却将其纳入了中国传统历法的模式，故被称为中西合法时期。

中国古代历法具有鲜明的特点。它不仅仅包括年、月、日和一些重要日期的安排，而且设置了闰月、闰日，还将日、月、五星各种天体的运动考虑进去，测定昏旦中星时刻和日食、月食，推算二十四节气以及各节气晷影的长度等。中国历法有些类似于现代编纂的天文年历。因此中国古代的历法改革不可能像欧洲 16 世纪儒略历改为格里高历那样，

**你知道吗**

### 冬至有什么习俗

冬至饺子是汉族风俗，流行于全国大部地区，指冬至节吃水饺或馄饨的习俗。潘荣陛（清）《帝京岁时纪胜》："预日为冬夜，祀祖羹饭之外，以细肉馅包角儿奉献。"谚所谓"冬至馄饨夏至面"之遗意也。古代，冬至是祭天祭祖的日子，皇帝在这天要到郊外举行祭天大典，百姓在这一天要向父母尊长祭拜，现在仍有一些地方在冬至这天过节庆贺。

仅仅对年、月、日进行调整，而是要对日、月、五星等天体的各种运动进行全面考虑。中国历代帝王，都声称自己是“真龙天子”，是奉上天的旨意来统治臣民的，要根据天象来占卜国家的政治命运，所以天文观测就成为头等重要的大事。因此，天文历法的颁布，不仅仅是为满足农业生产和人们日常生活的需要了，而成为皇权的象征。每当改朝换代时都要颁布新的历法，自战国时期的古历至清末就达 100 余部。

## ◎历法的分类方法

所谓历法，就是根据天象变化的规律来计量时间，判别气候，划分季节的一种法则。人们通过长期对日月星辰的观测，逐渐了解和掌握了地球、月亮和太阳的运行规律，测出了真太阳日、朔望月和回归年这 3 个自然的时间单位。但是历法中所采用的年、月、日，并不能准确地等于天然的时间单位，因为真太阳日忽长忽短，无一定数，回归年和朔望月都不是日的整倍数。

历法的根本任务在于科学地安排年、月、日，使它们既符合天体运行的规律，又适合人们日常生活的习惯。古今中外所有历法，从基本原理上看，不外三种类型，即阴历、阳历和阴阳合历。

阴历：它是根据月相的圆缺变化周期（即朔望月）制定的。在古代，月亮又称太阴，所以这种历法又称太阴历或阴历，它与朔望月有紧密关系。

月亮是地球的天然卫星，围绕着地球，终日不息地旋转。它

### 拓展阅读

**《崇祯历书》编纂概况**

《崇祯历书》是中国明代崇祯年间为改革历法而编的一部丛书。它从多方面引进了欧洲的古典天文学知识。全书共 46 种、137 卷（内有星图一折和恒星屏障一架）。全书主编是徐光启（徐光启死后由李天经主持）。参加翻译欧洲天文学知识的有耶稣会士汤若望、罗雅谷。在他们之前还有邓玉函、龙华民等参加过短期编制。

在绕地球公转的同时也在自转，而且自转与公转的周期相同、方向相同，因此月亮总是以同一面对着地球。月亮本身并不发光，它只反射太阳的光线，对于地球上的观测者而言，随着太阳、月亮、地球三者相对位置的变化，在不同的日期里，就会看到不同的月相。月亮经历了朔、上弦、满月、下弦的月相演变周期。天文学上规定，从朔到朔，或从望到望的时间间隔称为“朔望月”，一个朔望月的平均长度为 29. 5306 日。

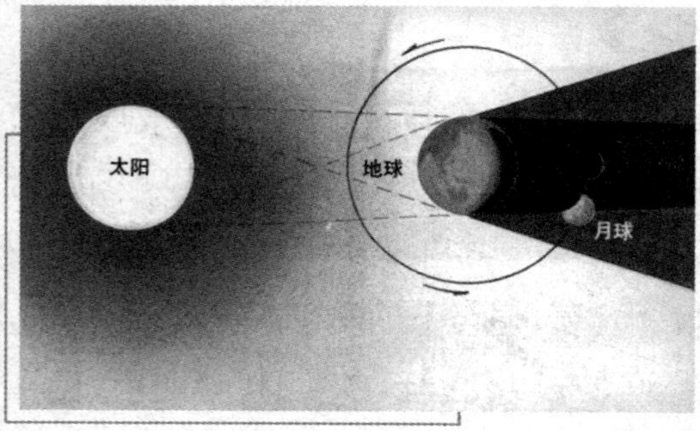

太阳、地球和月亮

为使阴历中每一个历月都近似地等于朔望月的平均长度，天文学家们的确费尽了脑筋。朔望月的平均长度大约为 29. 5306 日，并不是一个整天数。如果两月取 29 天，则要短于朔望月大约半天，新月出现的时间每月要向后推迟半天；如果历月取 30 天，则又要长于朔望月半天左右，新月出现的时间又要逐月提前，时间一长就会出现一个历月中出现两次新月现象。为了解决这个矛盾，制历家们巧妙地采用历月长度为 29 日和 30 日交替使用的方法，这样每月的平均长度为 29. 5 天，不仅十分接近于朔望月长度，又能保证每月的初一在朔日，使得月相与日期相对固定。

由于朔望月的平均长度为 29. 5306 日，阴历历年的实际长度应为 354. 3672 日，这多出的 0. 3672 日如何处理呢？制历家们又将第三年 12 月的 29 日改为 30 日，称这一年为闰年，这就是阴历历年平年为 354 日，闰年为 355 日的由来。

阳历：阳历就是目前全世界通用的日历——格里历，又称公历。中国自公元 1912 年开始正式采用格里历，日历牌上醒目的年、月、日指的就是公历。

阳历是以地球绕太阳公转作为依据制定的历法，它的基本运行周期为一回归年。回归年实际是春、夏、秋、冬四季循环变化的周期，也就是地球上太阳直射点从赤道开始徘徊于南北回归线之间的周期。根据长期的天文观测结果得知，一回归年长度为365.2422日，即365天5小时48分46秒。若把这一数值直接应用于历法计算，就会出现每年新年向后推移的现象。天文学家经过缜密的运算之后，作出了一条规定，即每满100年少置1次闰，到第400年再闰，也就是说每400年中共有97个闰年。这样一来，历年的平均长度为365日5小时49分12秒，与回归年长度仅有26秒之差，累积3300年才会差一日，精确度相当高了。

阳历的历月数目沿袭了阴历的办法，将一年分为12个月。历月的平均长度为30.4368日，为取整天数就要有大小月之分。大月31日，小月30日，平年5个大月，7个小月；闰年6个大月，6个小月。目前国际通用的公历历月为1、3、5、7、8、10、12月为大月，31天；4、6、9、11为小月，30天；唯有2月份平年为28天，闰年为29天。

阴阳历，就是兼顾太阳、月亮两种运动而制定的历法。中国自殷商时代起就采用简单粗糙的阴阳合历。由于它与农业生产的紧密联系，又被称为农历。该历以月亮绕地球运行一周的时间（朔望月）纪月，又以地球围绕太阳运行一周的时间（回归年）纪年。阴阳历中任何历月的每一个日期都有月相上的意义，如初一在朔，满月在望等。历年的平均长度因与回归年相去不远，则春、夏、秋、冬四季在一年中相对固定。这样的历法看起来应该是很理想的了，其实阴阳历也有其欠缺之处。朔望月的周期是29.5306日，回归年的周期是365.2422日，两个周期间没有整数倍数关系，互相不能除尽。如何调整它们之间的关系，一年中到底安排几个月最为合理，成为历法中的难题。对此，中国古代先人们在长期观测和精密计算的基础上，到春秋战国时代，制定了“十九年七闰法”，即在19个阴历年中设置12个平年、7个闰年。这样，19个历年的长度就与19个回归年大略相同了。如下式：

19年中共有：$12 \times 19 + 7 = 235$（个朔望月）

1个朔望月 $= 29.5306$ 日

235 个朔望月 =6939.69 日

另一方面：1 个回归年 =365.2422 日

19 个回归年 =6939.60 日

从上式中可以看出，19 个回归年的天数与 235 个朔望月的天数仅有 0.09 日的差别。依照“十九年七闰法”可以把阳历和阴历较好地协调起来，使得阴阳历既能反映太阳的运动，又能反映月亮的运动，中国对这一规律的发现，要比希腊早 160 多年。

南北朝时期，著名天文学家祖冲之又创立了比“十九年七闰”更加准确的“三百九十一年一百四十四闰”，即在 391 个阴历年中插入 144 个闰月的方法。其后历代又有所创新，直到唐代李淳风编纂《麟德历》时，才彻底废除了闰周。

## ◎二十四节气也是一种历法

二十四节气，其实也是一种历法。自从有了节气概念以后，人们就能准确地知道该干什么农活了。虽然公历在中国已实行 90 多年了，但“清明下种，谷雨插秧”等谚语和歌谣在农民中仍广为流传，可见二十四节气的生命力。二十四节气是节气和中气的总称。其中以立春、惊蛰、清明、立夏、芒种、小暑、立秋、白露、寒露、立冬、大雪、小寒为节气，雨水、春分、谷雨、小满、夏至、大暑、处暑、秋分、霜降、小雪、冬至、大寒为中气。节气置于月初，中气置于月中。农历中规定以十二个中

祖冲之像

气，作为十二个月的标志，每个月都要有一个固定的中气。如含雨水的月为正月，含春分的月为二月，含冬至的月为十一月，等等。

知识小链接

**祖冲之的天文历法成就**

祖冲之是我国杰出的数学家、科学家，他创制了《大明历》，最早将岁差引进历法；首次精密测出交点月日数（27.21223），回归年日数（365.2428）等数据，还发明了用圭表测量冬至前后若干天的正午太阳影长以定冬至时刻的方法。

## 节气与物候学

### ◎什么是物候学

要讲节气与物候学，自然要先讲一讲什么是物候学。物候学是研究自然界植物和动物的季节性现象同环境的周期性变化之间的相互关系的科学。它主要通过观测和记录一年中植物的生长荣枯、动物的迁徙繁殖和环境的变化等，比较其时空分布的差异，探索动植物发育和活动过程的周期性规律及其对周围环境条件的依赖关系，进而了解气候的变化规律及其对动植物的影响。它是介于生物学和气象学之间的一门边缘学科。

环境对动植物生长和发育的影响是一个极其复杂的过程。但是，用仪器只能记录当时的环境条件的某些个别因素，而物候现象却是过去和现在各种环境因素的综合反映。因此，物候现象可以作为环境因素影响的指标，也可以用来评价环境因素对于动植物影响的总体效果。

### ◎中国古代的物候历

中国最早的物候记载，见于《诗经·豳风·七月》，其后的《夏小正》

《吕氏春秋·十二纪》《淮南子·时则训》和《礼记·月令》等，则已经按月记载全年的物候历了。而《逸周书·时训解》更把全年分为七十二候，记有每候五天的物候，成为更加完善的物候历，北魏时曾附属于历书。

所谓的七十二候其实是中国古代黄河中下游地区的一种物候历。以5日为候，一年共七十二候。每候与一物候现象相应，称候应，表示一年中物候和气候的变化状况。有生物物候和非生物物候两种。在生物物候的52项中，野生植物8项，栽培植物5项，野生动物38项，饲养动物1项。在非生物物候的20项中，自然现象7项，气象现象13项。各候的物候现象大同小异，不同版本提出的七十二候亦略有差异，始见于《逸周书·时训解》，北魏起载入历书。七十二候对古代农民掌握农时起过作用，但因其地方性很强，难以推广应用到别处。

**广角镜**

### 物候学的发展趋势

发展趋势和特点是：①由偏重于农业气象研究发展为偏重于生态研究；②观测精度有所提高，观测植物的物种都选用相同的无性系；③把新技术，如计算机制图、遥感技术等用于观测和研究。

七十二候图

在西汉，著名的农学著作《汜胜之书》有以物候为指标来确定耕种时期的记载，如“杏始华荣，辄耕轻土弱土；望杏花落，复耕”。至南末，浙江金华人吕祖谦记载了南宋淳熙七年和八年金华的物候，有腊梅、桃、李、梅、杏、紫荆、海棠、兰、竹、豆蓼、芙蓉、莲、菊、蜀葵和萱草等24种植物开花结果的日期，春莺初到和秋虫初鸣的时间，是世界上最早的实际观测的物候记录。

明代，李时珍的《本草纲目》所载的近两千种药物中，有着极为丰富的植物物候资料，此书的第四十八、四十九两卷记述了候鸟布谷鸟和杜鹃的地域分布、鸣声、音节和出现时间等，是鸟类物候的翔实记载。19世纪中叶，太平天国颁发的《天历》，其中《萌芽月令》就是以物候指导农时的月历。

基本小知识

**本草纲目**

《本草纲目》是由明朝伟大的医药学家李时珍（1518～1593）为修改古代医书中的错误而编，他以毕生精力，亲历实践，广收博采，对本草学进行了全面的整理总结，历时29年编成。共有52卷，载有药物1892种，收集药方11096个，书中还绘制了1160幅精美的插图，约190万字，分为16部、60类。



## ◎现代物候学的起源与发展

在欧洲，古希腊的雅典人就已经编制了农用物候历。英国马香子孙五代，则从1736年起到20世纪40年代止，对植物、候鸟和昆虫等27种动植物进行了长期观测和记录。这是欧洲年代最长的物候记录。18世纪中叶，瑞典植物学家林奈所著《植物学哲学》一书，概述了物候学的任务，物候的观测和分析方法，并组织了有18个点的观测网。他是欧洲物候学的主要倡导者之一。

李时珍像

在德国，植物学家霍夫曼从19世纪90年代起建立了一个物候观测网。他选择34种植物作为中欧物候观测的对象，亲自观测了40年。其后，又由其学生伊内接替。在美国，森林昆虫学家霍普金斯于1918年提出了北美温带地区物候现象陆空间分布的生物气候定律。

在中国，现代物候学研究的奠基者是竺可桢。他在1934年组织建立的物候观测网，是中国现代物候观测的开端。在他的领导下，1962年，又组织建立了全国性的物候观测网，进行系统的物候学研究。为了统一物候观测标准，1979年又出版了《中国物候观测方法》，逐年汇编出版《中国动植物物候观测年报》。

**拓展阅读**

### 竺可桢简介

竺可桢，又名绍荣，字藕舫，汉族，浙江上虞人。中国卓越的科学家和教育家，当代著名的地理学家和气象学家，中国近代地理学的奠基人。他先后创建了中国大学中的第一个地学系和中央研究院气象研究所；担任13年浙江大学校长，被尊为中国高校四大校长之一。1974年2月7日竺可桢因肺病在北京逝世，享年83岁。

20世纪50年代以来，由于各国物候观测网的扩大，物候资料更加丰富了。又由于遥感技术和电子计算机等的应用，物候学的研究在规律的探索和应用方面都得到了更大的发展。

## ◎ 物候学的观测方法

物候学的基本研究方法是平行观测法，即同时观测生物物候现象和气象因子的变化，以研究其互相关系。主要是定点观测生物物候现象的周年变化；按照统一的观测方法组织物候观测网，对物候现象同时进行观测；在短期内（3~5天）使用汽车等交通工具进行小地区的物候观测；通过地球资源卫星照片来分析农作物和植被的物候变化；通过试验来研究物候期受气候等因子影响时的生理机制。

各种生物物候现象的出现日期，虽然每年随气候条件的变化而变化，但在同一气候区内，如果不受局部小气候的影响，其先后顺序每年保持不变。在不同的气候区域内，由于生物品种和气候条件的组合发生变化，物候现象的顺序就会改变。物候现象的顺序性是编制自然历和预报农时的基础。

由于气候分布的地带性和非地带性，物候现象随纬度、经度和高度的变化具有推移性的特点。如 1918 年霍普金斯提出的生物气候定律：在其他因素相同的条件下，北美温带地区，每向北移纬度 1°向东移经度 5°，或上升约 122 米，植物的阶段发育在春天和初夏将各延期 4 天；在晚夏和秋天则各提前 4 天，等等。

物候学研究已成为生态系统的分析和管理的一个方面。在物候区划、农作物的合理配置、山区垂直分布带土地的合理利用、防止环境污染和三废利用等方面，正进行着大量的物候学研究工作。除对物候现象作宏观研究外，已经开始对植物器官内部形态的变化进行观察研究。在研究气象条件对生物物候影响方面，已开始利用人工气候室进行实验研究，及建立气象条件和生物物候变化的数学模式等研究。

## ◎古诗词中的节气与物候

节气可以预见物候，而物候也可以反映节气。中国古人对这一现象关注的比较早，古诗歌中就包含着极其丰富的物候知识。

比如“竹外桃花三两枝，春江水暖鸭先知”（苏轼《惠崇春江晓景》）。早春天气，鸭子最先感知春江水暖，嬉戏水中。

“天寒水鸟自相依，十百为群戏落晖。过尽行人都不起，忽闻冰响一齐飞。”（秦观《还自广陵》）晚冬时节，水鸟相依，一声冰响，群鸟惊飞。鸭子与小鸟同是春天的使者。

“黄梅时节家家雨，青草池塘处处蛙。”（赵师秀《约客》）诗中出现的三种物象，表明了春末夏初梅子黄熟时的节令特点。

黄巢《题菊花》：“飒飒西风满院栽，蕊寒香冷蝶难来。”菊花凋零，蝴蝶敛迹，虽不着一个“秋”字，秋令的阵阵凉意却扑面而来。

至于李白的《塞下曲》，则把读者引向另一个世界：“五月天山雪，无花只有寒，笛中闻折柳，春色未曾看。”五月正值仲夏，在内地早已是百花凋谢之日，而地处西北边塞的天山（祁连山）仍旧积雪覆盖，无杨柳与花草，表明在黄河流域海拔超过四千多米的地方，既无夏季又无春秋的特点。由此不难看出内地跟塞外气候的差异之大。

涉笔物候的古诗中往往会看到前人的农事和军事活动。如范成大的《四时田园杂兴》：“蝴蝶双双入菜花，日长无客到田家。”这两句写江南晚春乡村的诗，借蝴蝶入菜花的描述衬托农夫农妇农事忙碌。再看文同的《早晴至报恩山寺》：“烟开远水双鸥落，日照高林一雉飞。大麦未收治圃晚，小蚕独卧斫桑稀。”上联描绘了一幅远山高林、野鸟飞翔的生动图画；下联写了春夏之交农夫农妇收麦、整菜、采桑、喂蚕，忙碌不堪的情景，亲切动人。而卢纶的“月黑雁飞高，单于夜遁逃。欲将轻骑逐，大雪满弓刀”（《塞下曲》其三），则是写行军打仗，敌人夜逃，雁群惊飞，由此引起我军大将的警惕，遂率领士兵追赶敌骑，充分表现了中华儿女的英雄气概。

**你知道吗**

### 什么是人工气候室

人工气候室是指可人工控制光照、温度、湿度、气压和气体成分等因素的密闭隔离设备，又称可控环境实验室。它不受地理、季节等自然条件的限制并能缩短研究的周期，已成为科研、教学和生产的一种重要设备。由控制室、空气处理室和环境实验室三部分组成。

**知识小链接**

### 我国第一部诗歌总集《诗经》

《诗经》是我国第一部诗歌总集，共收入自西周初期（公元前11世纪）至春秋中叶（公元前6世纪）约500余年间的诗歌305篇（《小雅》中另有6篇“笙诗”，有目无辞，不计在内），最初称《诗》，汉代儒者奉为经典，乃称“诗经”。

综上所述，可知中国古典诗歌的物候描写，不单有文学方面的艺术价值，还是研究物候学及农业的可贵资料。

## 节气、历法与传统节日

要讲清楚节气、历法与传统节日之间的关系，就不能不说一说中国独特的纪年方法，这就是干支纪年。我们都很熟悉“戊戌变法”和“辛亥革命”这类历史事件的名称。“甲午”、“戊戌”、“辛亥”，都是年份的名称，这种记述年份的方法叫做“干支”纪年。



### ◎中国古代的纪年方法

为什么叫做“干支”纪年呢？对于这个问题，我们不妨先从现在的纪年方法谈起。我们现在用的是公元纪年，是目前世界上一般通行的纪年方法，它以耶稣诞生这一年算起。在中国古代，有两种纪年的方法。一种是以封建王朝的年份来纪年的。例如，唐太宗的年号叫贞观，他在公元627年做皇帝，这一年就叫贞观元年。玄奘赴西域取经在公元629年，这一年便是贞观三年。又如明朝最后一个皇帝思宗的年号是崇祯，崇祯自缢死亡的一年，是崇祯十六年。这样的纪年法，必须非常熟悉封建王朝的各个朝代和年号，计算起来很麻烦。而且遇有纪年方法不统一的时候，例如三国时，魏、蜀、吴三国各有各的年号，照哪一个纪年好呢？因此，这种纪年方法很不方便。

中国古代另有一种比较科学的纪年法，叫做“干支”纪年。“干支”就是天干与地支的合称。甲、乙、丙、丁、戊、己、庚、辛、壬、癸，这十个字叫“天干”；子、丑、寅、卯、辰、巳、午、未、申、酉、戌、亥，这12个字叫“地支”。天干的10个字和地支的12个字，依次搭配，如“甲子”、“乙丑”、“丙寅”、“丁卯”……这样配合成六十组，循环使用，就叫做“六十花甲子”。用这样的方法来纪年，每60年循环一次，再配以一定的王朝年

十二生肖与地支

号等，前后所隔年份，就比较清楚，容易计算。比如，1898 年的维新运动，叫做戊戌变法；1911 年孙中山先生领导的民主主义革命，通常叫辛亥革命；1894 年，北洋水师抗击日本侵略的海战，称甲午海战。

1961 年是辛丑年，1971 年是辛亥年，1981 年是辛酉年……从它们的排列可以知道，凡是表示“天干”的前一个字相同时，一定是相隔 10 年的整倍数；而表示地支的后一个字相同时，如甲子与丙子，一定是相隔 12 年的整倍数。因为 10 与 12 的最小公倍数是 60，所以天干、地支两字完全相同的年份，一定相差 60 年的整倍数。这种纪年法，虽然还不及公元纪年法方便彻底，但由于中国历史上用得很多，所以我们应该了解。

中国习俗上的生肖，就是以地支来计算的。它们的对应关系是：子—鼠，亥—猪，戌—狗，酉—鸡，申—猴，未—羊，午—马，巳—蛇，辰—龙，卯—兔，寅—虎，丑—牛。所以在实际生活习惯上，“干支”纪年也还有用处。

其实，十二生肖不只在中国

### 趣味点击 十二生肖趣闻

十二生肖的选用与排列，是根据动物每天的活动时间确定的。夜晚 11 时到凌晨 1 时，老鼠最为活跃。凌晨 1 时到 3 时，牛正在反刍。3 时到 5 时，老虎到处游荡觅食，最为凶猛。5 时到 7 时，玉兔捣药正忙。上午 7 时到 9 时，是神龙行雨的好时光。9 时到 11 时，蛇开始活跃起来。上午 11 时到下午 1 时，正是天马行空的时候。下午 1 时到 3 时，羊在这时吃草会长得更壮。下午 3 时到 5 时，猴子活跃起来。5 时到 7 时，鸡开始归窝。晚上 7 时到 9 时，狗开始守夜。晚上 9 时到 11 时，猪正在鼾睡。

流行，在印度、希腊、埃及等文明古国里也有，只是由于国家不同，12 种动物有所不同罢了。如希腊十二生肖为：牡牛、山羊、狮子、驴、蟹、蛇、犬、鼠、鳄、红鹤、猿和鹰。

## ◎历法与传统节日

讲了我国古代的纪年方法，我们再来看看我国的传统节日。讲到传统节日，自然要先说一说我国最重要的节日——春节。春节是中国民间历史最悠久、最隆重的传统佳节，其历史大约已有 3000 多年。古代先农们经过一年的辛勤耕作，在岁尾年初的农闲季节，用收获物祭祀众神，祈盼来年丰收，并开展各种喜庆活动，尽情欢娱和享受。春节习俗一直沿至今日。

春节实际是指农历元旦，即正月初一，与现行的公历毫无相关，在公历中日期也不固定。农历在中国影响深远，至今仍是公历和农历并用，在日历上，农历日期同样标出。公历新年元旦，中国人不十分重视，然而过春节却要隆重得多了。

那么，春节过后的元宵节是怎么回事呢？元宵节也是我国民间的一个重要节日。中国传统把每年农历的正月十五日、七月十五日、十月十五日分别称为上元、中元和下元。元宵节又称上元节，是在正月十五日（上元日）的那天夜间进行的庆祝活动。元宵节之夜，家家户户都要吃元宵，不少地方还要举行大型花灯会和灯谜会，各电视台也要为百姓组织一个欢庆的文艺晚会。

据《史记》载：西汉初年，平定诸吕叛乱即在元月十五日，所以汉文帝（公元前 180 ~ 前 140）将正月十五日定为元宵节。在汉武帝时期，正月十五日也称为上元燃灯节，此晚灯火通宵，用于祭祀太乙天神，在天文学上，太乙曾专指北极星。自唐朝中期以后，上元灯会逐渐演变为元宵节。元宵节吃元宵，含合家团圆之意。

我国民间另外一个重要的节日是中秋节。中秋节是中国传统的最富诗意情趣的喜庆节日。中秋节之夜阖家团聚，观赏明月，品尝月饼，历史上不少文人墨客为中秋佳节写下了许多美丽的诗篇。

中国历史上，中秋节又称仲秋节，是在秋分基础上发展起来的。上古时代，只有仲秋节（即秋分节），无中秋节。但秋分在八月十五日前后，由于农历有闰月关系，秋分日可以在八月初至八月末的任何一天。古时秋分节是祭月节，无明月，就失去了祭祀的意义，故后人把中秋节由秋分固定为八月十五日，以使中秋节之夜，通宵能望见明月。历法规定秋季为七月、八月和九月。八月十五日正好为秋季的正中，称为中秋节最恰当了。

中秋节始于何时已无从考证。唐朝已有仲秋赏月活动，宋代较为盛行，明清已发展成中国传统佳节。中秋祭月是古老习俗，现今北京留存的四座祭坛遗址中，月坛就是古代专门祭月的场所。

我国还有一个比较重要的民间节日，即腊八节。古代称农历十二月为腊月，腊月初八是民间的腊八节。时至今日，每逢腊月初八，中国人还沿袭着喝腊八粥的习俗。腊八粥一般由江米、红枣、花生、栗子、红小豆、云豆和莲子等若干杂粮为原料，加水熬制而成。在不同的地域，腊八粥的原料组成略有不同。

## 拓展阅读

### 中秋诗词一首

**水调歌头**（宋）苏轼

丙辰中秋，欢饮达旦，大醉，作此篇，兼怀子由。

明月几时有？把酒问青天。不知天上宫阙，今夕是何年？我欲乘风归去，又恐琼楼玉宇，高处不胜寒！起舞弄清影，何似在人间！

转朱阁，低绮户，照无眠。不应有恨，何事长向别时圆？人有悲欢离合，月有阴晴圆缺，此事古难全。但愿人长久，千里共婵娟。

古时“腊”是一种祭礼，岁末年终时，古人用打来的猎物祭祀天地、神灵和祖先，以求吉祥平安，这种祭祀活动也称为“腊祭”。佛教传入中国后，“腊祭”与佛祖释迦牟尼纪念日结合起来，随之产生了“腊八节”。相传释迦牟尼出家修行，有一天饥饿昏倒。幸好一牧女用黏米杂粮熬粥相救，后终在腊月初八悟道成佛。以后适逢腊月初八，寺院都要举行诵经，熬制五谷杂粮等多种原料配成的粥。这种粥称为“佛粥”，传到民间，就叫“腊八粥”了。

## ◎节气与传统节日

春节、元宵节、中秋节和腊八节都与我国的历法有关系。下面我们再讲两个跟节气有关的传统节日。炎热的夏季，在大暑和小暑之间，民间流传着“三伏”的说法。据《史记·秦本纪》记述，三伏创于春秋时代的秦德公二年（前676），距今已2600多年。农谚说“小暑不算热，大暑三伏天”，从中可以看出在华北地区，一年中最热的时期为三伏日。古代三伏天，民间百姓大多要休息不外出，以避暑气，富贵人家还要外游，选择阴凉地方消暑纳凉。

三伏含初伏、中伏和三伏，三伏也称末伏。年年过伏日，伏日是如何计算的，知道的人不多。《阴阳书》中叙述了三伏的计算方法：“夏至后第三庚日为初伏，第四庚日为中伏，立秋后第一庚日为末伏。”从这段文字可以看出，三伏的日期是按节气的日期和干支日期相配合来计算的。按农历规定，夏至后第三庚日（干支纪法中，带“庚”字的日期为庚日，如庚午日、庚寅日等）定为初伏第一日，也称为头伏。夏至日与初伏之间的天数是不固定的，在20～30日之间。第四庚日为中伏（也称二伏）第一日，因按干支纪日法，庚日到下一庚日之间相隔10日，所以初伏距中伏之间的日期固定为10日。立秋后的第一庚日进入三伏。从二伏到三伏的日数也不固定，有10天或20天之分，这取决于夏至到立秋有4个

**你知道吗**

**入伏吃什么**

北方有句俚语，叫做“头伏饺子二伏面，三伏烙饼摊鸡蛋”。伏日吃面，这一习俗至少三国时期就已开始了。《魏氏春秋》上说，何晏在“伏日食汤饼，取巾拭汗，面色皎然”。为什么在热天里吃热面？南朝梁宗懔《荆楚岁时记》中说：“六月伏日食汤饼，名为辟恶。”头伏吃饺子是传统习俗，因为每逢伏天，人的胃口就不好，吃不下去东西，而饺子在中国人的传统习俗里正是开胃解馋的食物。

庚日还是 5 个庚日。如果有 4 个庚日，则有 10 天间隔；如有 5 个庚日，则有 20 天间隔。

三伏与农业生产有密切关系，自古以来流传着“头伏萝卜，二伏菜，末伏有雨种荞麦”、“初伏种胡麻，中伏种粟”等谚语，至今一些华北地区偏远农村还用着这些谚语来劳作。

我们经常听到人们用“冬练三九，夏练三伏”来形容一个人的刻苦训练。我们既然说了“三伏”，就不能不说一说“三九”。“三九”其实是冬九九中的第三九。

冬九九至今仍流传于中国北方。所谓冬九九，它是从冬至这一天算起，每 9 天为一九，顺序往下排列，共 9 个 9 天，合计 81 天。当自冬至日经过 81 天后，春天就来了。数九九按各地区农事与风俗的差异，编排出九九歌略有不同。如元朝《吴下田家志》一书中记载的现今仍流传于民间的一首九九歌：“一九、二九不出手，三九、四九冰上走，五九、六九沿河看柳，七九河开，八九雁来，九九加一九，耕牛遍地走。”“九九”与“二十四节气”大致相应，故有“春打六九头”的说法。“九九”大约起源于宋代，数九九据说与中国传统文化有关。九是阳数，又是数中之最大。冬至过后，古人认为阳气开始上升，大地回暖，用阳数九来数九消寒，是祈盼来年丰收的好兆头。

# 气候变化



从有人类活动以来，人类就开始影响气候。在人类历史初期，人类活动完全受气候条件的限制，只能生活在温暖湿润的热带森林中。进入石器时代以后，人类掌握了火，才开始增强对气候的适应能力。随着人类社会经济的发展，人类影响气候的规模和深度也不断发展。

《联合国气候变化框架公约》第一款中，将“气候变化”定义为：“经过相当一段时间的观察，在自然气候变化之外由人类活动直接或间接地改变全球大气组成所导致的气候改变。”公约因此将因人类活动而改变大气组成的“气候变化”与归因于自然原因的“气候变率”区分开来。气候变化主要表现为三个方面：全球气候变暖、酸雨、臭氧层破坏，这些都是人类目前最迫切的问题，关乎到人类的未来！

# 气候发生了哪些变化

## ◎气候变化简史

地球气候处于不断的变化之中。气候变化的时间尺度从月、季、年际、年代际，一直到数以万年计的冰期和间冰期。影响气候变化的因子分外部因子和内部因子，外部因子主要包括太阳活动的变化、地球轨道的改变、日地关系的变化、地球表面火山爆发等自然因子和温室气体排放、森林砍伐、土地利用变化等造成大气组成变化的人类活动，内部因子包括海洋温度、大气环流、冰雪覆盖、土壤湿度、生态系统的变化，等等。

气候一直呈波浪式发展，冷暖干湿交替。气候变化可以是周期性的，也可以是非周期性的。根据不同的时间尺度，地球气候史通常分为地质时期气候、历史时期气候和近代气候 3 个阶段。地质时期的气候距今有 1 万～22 亿年，以冰期间冰期交替出现为特点，时间尺度在 10 万年以上，温度振幅为 10℃～15℃。历史时期气候一般又分为五大冰期。

秋天的落叶

1. 地质时期的气候变化：地质时期的气候变化指距今 1 万～22 亿年的气候变化，其气候变化幅度很大，它不但形成了各种时间尺度的冰河期和间冰期的相互交替，同时也相应地存在着生态系统、自然环境等的巨大变迁。地质时期的气候体现了大气、海洋、大陆、冰雪和生物圈等组成的气候系统的总体变化。

（1）震旦纪大冰期气候——距今6亿年前。科学家在亚、欧、非、北美和澳大利亚的大部分地区中都发现了冰碛层。这是震旦纪大冰期气候的证据。

基本小知识

### 冰　期

冰期是地球表面覆盖有大规模冰川的地质时期，又称为冰川时期。两次冰期之间为一相对温暖时期，称为间冰期。地球在40多亿年的历史中，曾出现过多次显著降温变冷，形成冰期。特别是在前寒武纪晚期、石炭纪至二叠纪和新生代的冰期都是持续时间很长的地质事件，通常称为大冰期。

（2）寒武纪－石炭纪大间冰期——距今3亿～6亿年，包括寒武、奥陶、志留纪、泥盆纪和石炭纪，当时气候总体上趋于温暖、湿润，森林生长繁茂。

（3）石炭－二叠纪大冰期——距今2亿～3亿年，始于石炭纪末期，止于二叠纪中期，主要影响在南半球。

（4）三叠纪－第三纪大间冰期——距今200万～2亿年，包括三叠、侏罗、白垩，都是温暖气候。三叠纪时气候炎热而干燥，到侏罗纪时转为湿热，成为继石炭之后又一个成煤期。白垩纪时转为干燥，到新生代的早第三纪世界气候更普遍变暖。晚第三纪东亚大陆东部气候趋于湿润。

（5）第四纪大冰期——距今200万年开始至现在。影响范围十分广泛的世界规模的大冰期。在第四纪时受冰期进退直接影响的地区形成亚冰期（平均气温比现在低8℃～12℃）和亚间冰期（气候比现在偏暖，低纬地区比现在高5.5℃）。中国也发生过多次亚冰期和亚间冰期气候的交替演变。

2. 历史时期的气候变化：自第四纪更新世晚期，约距今1万年左右时期开始，全球进入冰后期，并有两次大的波动。一是公元前5000年到公元前

1500 年的最适气候期，当时气温比现在高 3℃～4℃；一次是 15 世纪以来的寒冷气候，其中 1550～1850 年为冰后期以来的寒冷期。为小冰河期，气温比现在低 1℃～2℃。

3. 近代气候变化：近百年来由于有大量的气温观测记录，区域和全球的气温序列不必再用代用资料。尽管观测资料和处理方法不同，所得结论也不尽相同，但总的趋势是从 19 世纪末到 20 世纪 40 年代，世界气温出现明显的波动上升现象，40 年代达到顶点。此后世界气候有变冷现象。进入 60 年代以后，高纬度地区气候变冷趋势更加显著；进入 70 年代以后，世界气候又趋暖；到 1980 年以后，世界气温增暖形势更为突出。

## ◎ 气候变化的原因

那么，气候为什么会发生这样的变化呢？原来气候的变化要受到三方面因素的影响。它们分别是天文因素、地文因素和人文因素。

1. 天文方面的原因主要有以下几个：

（1）太阳辐射强度的变化：太阳辐射可能在 10～109 年范围内变化。可见光辐射变化范围一般在 0.05%～1.0%，最大不超过 2.5%。太阳辐射的变化主要表现在紫外线到 X 射线以及无线电波辐射部分，当太阳活动激烈时，这部分辐射发生强烈扰动。如果太阳辐射变化 1%，气温将变化 0.65℃～2.00℃。

**你知道吗**

**黑子真的黑吗**

黑子其实并不黑，它的温度在 4500℃左右，由于它比周围的高温低了 1500℃左右，看起来就呈现为黑色的斑点。黑子其实也不小，小黑子的直径为 1000 千米左右，大黑子或者是黑子群，直径可达 10 万千米以上。黑子实际上是太阳表面上的风暴，是一个巨大的旋涡状气流。

（2）太阳活动的准周期变化：研究表明，太阳活动的准周期变化与气候振动有密切关系。如太阳黑子的活动，其规律为 11 年、22 年和 88～90 年。

但目前人们想根据太阳变化规律来探索气候变化的原因，尚未取得令人满意的结果。

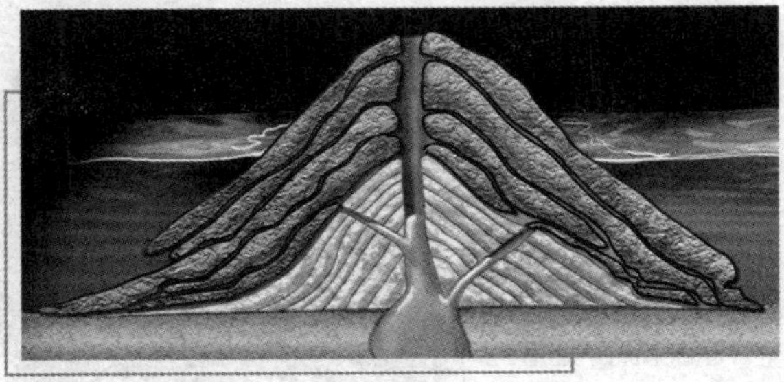

火山示意图

（3）地球轨道要素的变化：地球轨道要素（地球公转轨道椭圆偏心率、自转轴对黄道面的倾斜度、岁差）的变化使不同纬度在不同季节接受的太阳辐射发生变化，通常用以解释第四纪冰期与间冰期的交替。

2. 地文学方面的原因：地质时期中，下垫面的变化对气候变化产生了深刻的影响。其中以地极移动（纬度变化）、大陆漂移、造山运动和火山活动影响最大。

据地质学家考察结果发现，在整个地质时期中，气候史上最大的冰川活动时期都发生在地质史上最重要的造山运动之后。如第四纪大冰期发生在从第三纪开始的新阿尔卑斯造山运动之后，石炭－二叠纪大冰期发生在晚古生代的海西造山运动之后。

有些山体明显地留下了造山运动的痕迹

大气环流的变化也会影响气候变化。如北冰洋极地高压的扩大和加强，势必导致偏北风加强。

3. 人类活动对气候的影响：近百年来世界气候变化的主要影响因子，按其重要程度排序为：二氧化碳浓度变化、城市化、海温变化、森林破坏、气溶胶、荒漠化、太阳活动、$O_3$、火山爆发及人为加热。由此可见，大气中二氧化碳的含量的变化以被当作近代气候变化的首要原因。

工厂冒出的浓烟含有大量二氧化碳

### 知识小链接

海西运动

海西运动又称华力西运动，是晚古生代地壳运动的总称，由德国海西山得名。海西运动使西欧的海西地槽、北美东部的阿帕拉契亚地槽、欧亚交界的乌拉尔地槽、中亚哈萨克地槽及中国的天山、祁连山、南秦岭、大兴安岭等地槽褶皱回返，形成巨大山系。此时北半球各古地台之间的地槽带变为剥蚀山地。海西运动的完成，标志着古生代的结束。

## 未来气候会发生哪些变化

目前地球正处于第四纪大冰期中一个相对温暖的间冰期后期。国际上关于未来气候变化的预测主要有两种截然相反的看法。部分学者认为未来将会变冷，另一部分学者则认为将要变暖。那么，到目前为止人们观测到的事实是怎样的呢？

## ◎ 全球及中国的气候发生了哪些变化

全球及中国气候变化的观测事实主要有以下几点：

**气温变化**

观测记录和研究结果表明，自1861年以来全球陆地和海洋表面的平均温度呈上升趋势，20世纪升高了0.6℃左右。

就全球而言，20世纪90年代是自1861年以来最暖的10年，1998年则是自1861年以来最暖的一年。近100年的全球温度仪器测量记录还表现出明显的年代际变化，20世纪最主要的增暖发生在1910～1945年和1976～2000年期间。结合大量代用资料，对近1000年北半球气候变化的研究表明，20世纪的增温有可能是近1000年中最大的，20世纪90年代可能是近1000年中最暖的10年，1998年是近1000年中最暖的一年。观测资料显示，1951～1989年全国年平均气温以每10年0.04℃的速率上升，表现出明显的上升趋势；自1987年以来出现了持续十四年的异常偏暖，最暖的1998年偏暖1.4℃。这一变暖趋势与全球变暖的趋势一致。但是，中国气候也表现出明显的年代际特征，20世纪60年代为弱下降趋势，70～80年代初为缓慢增暖趋势，80年代后期则出现显著增暖。就地区而言，东北、华北和西北地区西部增温最显著，而且冬季比其他季节增温明显，晚上增温比白天明显。

广角镜

### 测定最高温度的仪器

最高温度表是专门用来测定一定时间间隔的最高温度的，它的构造是在球部底处置一根玻璃针，直伸到毛细管口，使毛细管口变狭。温度上升时，水银膨胀，压力增大，迫使水银挤过狭管上升。温度下降时，因无足够压力使水银挤过狭管回到球部，水银柱就在狭管处断裂，于是狭管以上这段水银柱的顶端，就保持在过去一段时间内温度表曾感受到的最高温度示度上，因而可测得最高温度。

**降水变化**

高纬地区大部分陆地区域每 10 年降水增加 0.5% ~1.0%；北纬 10° ~30°大部分陆地区域降雨量每 10 年减少了 0.3%；北纬 10° ~ 南纬 10°热带大陆地区降雨量每 10 年增加 0.2% ~0.3%。与北半球相反，南半球不同纬度带没有检测出有类似的系统性的降水变化，这与没有足够的资料确定降水量的变化趋势有关。

观测资料表明，在过去近 50 年中，中国年平均降水量变化的趋势不显著，主要表现出明显的年际变化。已有的研究表明，1951 ~1989 年全国年平均降水量存在弱的减少趋势，但区域性差异明显，降水减少最严重的是华北，其次是长江中下游、华东和西南地区。进入 20 世纪 90 年代，降水明显增多，但主要集中在长江中下游、华南和东北部分地区。

**气候极端事件的变化**

当某地的天气、气候出现不容易发生的“异常”现象，或者说当某地的天气、气候严重偏离其平均状态时，即意味着发生“极端事件”。世界气象组织规定，如果某个（些）气候要素的时、日、月、年值达到 25 年以上一遇，或者与其相应的 30 年平均值的“差”超过了两倍均方差时，这个（些）气候要素值就属于“异常”气候值。出现“异常”气候值的事件就是“气候极端事件”。干旱、洪涝、高温热浪和低温冷害等事件都可以看成极端气候事件。

全球气候变暖后，不仅气候平均值会发生变化，天气和气候极端事件的出现频率也会随之发生变化。虽然由于观测资料严重不足，目前还无法确定 20 世纪气候极端值是否出现全球尺度一致的变化趋势，但在区域尺度上还是发现了一些重要的“趋势”。

观测记录显示，自 1950 年以来，极端最低气温的出现频率有所下降，因此标志寒冷事件的“霜冻日数”和“冰冻日数”减少；但极端最高气温的出现频率有所增加。观测记录还显示，北半球中高纬度地区降水量增加的地区，大雨和极端降水事件有增多趋势。20 世纪后半叶，北半球中高纬地区强降雨事件的出现频率可能增加了 2% ~4%；而北半球中高纬度地区降水量减少的地区，大雨和极端降水事件有下降趋势。在亚洲和非洲的一些地区，近几十年来干旱与洪涝的发生频率增高、强度增强。分析表明，夏季大陆上的一些地区可能已经变得更干，干旱的威胁可能也相应地有所增加。在东亚地区，虽然降水量趋于下降或变化不大，但仍有些地方大雨和极端降水事件有所增加。全球热带和副热带地区的风暴强度和频率的变化，很大程度上仍受年代际变化的影响，没有呈现明显的增多或减少趋势。

最近 40 ~50 年中，中国极端最低温度和平均最低温度都出现了增高的趋势，尤以北方冬季最为突出。同时，寒潮频率趋于降低，低温日数趋于减少，雨日显著减少。



知识小链接

### 降水量的测定

“降水量”是气象术语，按气象观测规范规定，气象站在有降水的情况下，每隔 6 小时观测一次。6 小时中降下来的雨雪统统融化为水，称为 6 小时降水量；24 小时降下来的雨雪统统融化为水，称为 24 小时降水量；一个旬降下来的雨雪统统融化为水，称为旬降水量……一年中，降下来的雨雪统统融化为水，称为“年降水量”。把一个地方多年的年降水量平均起来，就称为这个地方的“平均年雨量”。

## ◎未来的气候会是什么样子

全球及中国气候变化的未来情景会是什么样子呢？如前所述，影响气候的因子多、机制复杂，目前的科学水平还无法给出综合考虑各种影响因子作用的未来气候预测，只能把未来因人类活动引起的大气中温室气体和气溶胶浓度的变化作为条件，输入气候模式计算出未来气候的可能变化。气候变化情景就是未来可能出现的气候状态与当前气候状况之间的差值。下面，我们就来讲一讲未来的气候会与现在的气候有什么不同。

**气温变化**

1995 年政府间气候变化专业委员会完成的第二次评估报告，根据其设计的 1990～2100 年间温室气体和气溶胶排放的六种构想，预测到 2100 年全球平均地面温度相对于 1990 年大约上升 1.0℃～3.5℃。这相当于全球平均温度每 10 年升高 1.0℃～0.35℃。

2001 年政府间气候变化专业委员会完成的第三次评估报告，根据其设计的 1990～2100 年间温室气体和气溶胶排放的 35 种构想，预计到 2100 年全球平均地面温度将比 1990 年上升约 1.4℃～5.8℃，即全球平均温度每 10 年将升高 0.14℃～0.58℃。这比第二次评估报告的估计值要高，主要是目前对二氧化硫未来增加量的估计值大大低于 1995 年的估计。也就是说，未来因二氧化硫等气溶胶引起的降温作用不如 1995 年估计的大。每 10 年 0.14℃～0.58℃这样的升温率，大大高于 20 世纪中实际观测到的升温率，这可能是最近 1000 年来从未出现过的升温率，对生态系统的适应能力将是一个严峻的挑战。

基本小知识

**气溶胶**

气溶胶是液态或固态微粒在空气中的悬浮体系。它们能作为水滴和冰晶的凝结核（见大气凝结核、大气冰核）、太阳辐射的吸收体和散射体，并参与各种化学循环，是大气的重要组成部分。雾、烟、霾、轻雾（霭）、微尘和烟雾等，都是天然的或人为的原因造成的大气气溶胶。

几乎所有陆地区域的增温可能都比全球平均值要大，特别是北半球高纬地区的冬季。美国的阿拉斯加、加拿大、格陵兰，亚洲北部和青藏高原，模拟的增温值高出全球平均 40%。但是南亚和东南亚的夏季，南美南部的冬季，模拟的增温值都低于全球平均。

需要指出的是，未来的气温变化在全球不同地区不一样，对陆面的影响要快于海洋，北大西洋和南极周围海洋表面温度的增加比全球平均值要小。由于区域气候模式还不完善，目前区域的气候变化情景，还主要使用全球模式的预测结果。

中国科学家使用不同的全球气候模式对二氧化碳增加后中国的气候变化情景进行了研究，结果略有差异。使用政府间气候变化专业委员会第三次评估报告中的五个模式模拟研究表明，假定二氧化碳以每年1%的速率增长，预计到2100年东亚和中国年平均温度将比1961～1990年30年的平均值增加约5.0℃；假定二氧化碳和气溶胶同时以每年1%的速率增长，预计到2100年东亚和中国年平均温度将比1961～1990年30年的平均值增加约3.9℃。

**降水变化**

政府间气候变化专业委员会第三次评估报告指出，全球气候增暖后，21世纪全球平均降水趋于增多，大多数热带地区平均降水将增多，副热带大部地区平均降水将减少，高纬度地区降水也趋于增多。分季节而言，北半球冬季，热带非洲降水将增加，东南亚变化不大，中美洲将减少；北半球夏季，南亚的降水变化不大。地中海地区的夏季和澳大利亚的冬季降水将减少。高纬度地区冬、夏季的降水均趋于增多。气候增暖后，强降雨事件会增加。由于降水的增加不足以平衡温度增高和可能蒸发的加大，大陆的中部地区夏季一般会变干。此外，气候变暖后北半球夏季季风降水的年际变化可能加大。

预计平均降水将增加的地区，大多数可能会出现较大的降水年际变化。很小的降水变化，会引起水资源的很大变化。这意味着出现干旱的可能性增加，一些地方可能发生更频繁的干旱和洪涝。中美洲和南欧地区夏季降水预计减少10%～20%，这可能会是降水日数不变、每次降水量减少的缘故，更可能会是雨日大大减少、无雨时段大大延长的缘故。气候变暖对澳大利亚降水影响的模式研究结果表明，总的降水量变化不大，但小雨日数减少，大雨日数变为原来的两倍，洪水出现的概率至少要加倍。

中国科学家模拟研究的结果显示，只考虑二氧化碳以每年 1% 的速率增长，预计到 2100 年东亚和中国的降水年平均将比 1961 ~ 1990 年 30 年年平均增加 0.174 毫米/日；若考虑二氧化碳和气溶胶同时以每年 1% 的速率增长，预计到 2100 年东亚和中国的降水年平均将比 1961 ~ 1990 年 30 年年平均减少 0.013 毫米/日。

基本小知识

**概　率**

概率，又称或然率、可能性，是数学概率论的基本概念，是一个在 0 到 1 之间的实数，是对随机事件发生的可能性的度量。表示一个事件发生的可能性大小的数，叫做该事件的概率。它是随机事件出现的可能性的量度，同时也是概率论最基本的概念之一。

**气候极端事件变化**

近年来，随着人们对全球气候变化的认识逐渐深入，科学家们在关注气候变暖的同时，开始关注气候极端事件的性质与频率是否也在发生变化，关注的重点是气候极端事件是否更趋频繁，是否超过自然气候变化的范围，是否与人类活动引起的气候变化有关，等等。

目前回答这些问题的能力还很有限。政府间气候变化专业委员会在第三次评估报告中仅指出，几乎所有陆地区域的最高气温都会变得更高，炎热的日数也变得更多；同时，最低气温增高，寒冷日数和霜冻日数则相应减少。

分析表明，对欧洲、北美、南亚、撒哈拉、南非、澳大利亚和南太平洋等地区来说，极端降水强度可能增加；欧洲、北美、澳大利亚等地区干旱的威胁增加。

一些地区热带气旋的最大风速可能增加 5% ~ 10%，由热带气旋带来的平均和极大降水强度可能增加 20% ~30%。但没有直接的证据表明热带气旋的出现频率和生成区域会有所改变。

## ◎气候变化的不确定性

气候一定会沿着科学家预测的方向变化吗？我们现在的回答只能是三个字“不一定”。因为气候变化还存在着许多不确定因素。现在我们就来讲一讲这些不确定因素。我们在上面讲到的气候变化情景中包含有相当大的不确定性。降水变化情景的不确定性比温度更大。产生不确定性的原因很多，主要有：

1. 温室气体和气溶胶排放量数据中的不确定。包括对温室气体源和流的了解有限，以及温室气体和气溶胶的排放受各国人口、经济、社会发展等众多因子的制约，使得准确地预测未来大气中温室气体的浓度相当困难。

2. 由于目前对碳循环、温室气体和气溶胶的物理、化学过程的认识有限，因此在将大气中的二氧化碳浓度转化成对气候系统的“辐射强迫”时，存在很大的不确定性。

3. 气候模式本身的缺陷对未来气候变化情景的研究有很大影响。要预测未来 50 ~100 年的全球和区域气候变化，必须依靠复杂的全球海气偶合模式和高分辨率的区域气候模式。但是，目前气候模式对云、海洋、极地冰盖等的描述还很不完善，模式还不能处理好云和海洋环流的效应，以及区域降水变化等。

广角镜

**世界最大日降水强度**

降水强度是单位时间内的降水量。常用的单位是毫米/天、毫米/小时。记录到最大日降水强度为 1870 毫米，出现在 1952 年 3 月 15 ~16 日印度洋的留尼汪岛西劳斯地方。

4. 气候极端事件很少发生，在统计上只是边缘分布，而且很容易与错误资料混淆。目前缺少高精确度、高分辨率、长时期的全球观测资料，用来识别气候极端事件的变化。目前的气候模式也还不能用于研究小尺度的气候极端事件的特征。自然因素和人类活动对气候极端事件变化的影响，目前还无法区分。

5. 就预测中国未来气候变化情景而言，适合中国使用的气候模式仍处于发展之中，迄今所用的国外模式尚不能准确地构筑中国未来气候变化的情景，这对深入研究气候变化对中国的影响及中国应采取的对策，是一个很大的制约因素。

## 全球变暖

### ◎ 从《气候变化框架公约》说起

虽然现在我们还无法预知气候将如何变化，但是，全球变暖已经是一个不争的事实了。1992年6月，世界各国元首、政府首脑云集巴西里约热内卢，在联合国《气候变化框架公约》上签字。为什么气候变化这样一个普普通通的科学问题，会变得如此受人关注？这就涉及全球气候变暖的主题了。

工业革命以来，由于人类大量燃烧化石燃料和毁灭森林，使全球大气中二氧化碳含量在240年内增加了25%。科学家们现在

**你知道吗**

**什么是辐射强迫**

一般来说，地球从太阳吸收的辐射主要集中在地球表面，然后这种能量又通过大气和海洋环流重新分布，并且以长波方式辐射回太空。如果把地球作为一个整体的角度来考察的话，进入的太阳辐射能量和出去的太阳辐射大致平衡。辐射强迫是对某个因子改变地球—大气系统射入和逸出能量平衡影响程度的一种度量，它同时是一种指数，反映了该因子在潜在气候变化机制中的重要性。正强迫使地球表面增暖，负强迫则使其变冷。

预测，如果到2100年二氧化碳增加一倍，全球平均气温将会上升1.0℃～3.5℃，引起极冰融化，海平面上升15～95厘米，淹没大片经济发达的沿海地区。另外还会引起中纬度广大地区变干、高纬度冻土带沼泽化等一系列问题，事关重大。因此世界各国领导人才坐到一起，共同商讨削减二氧化碳的排放问题。

## ◎温室效应

引起全球变暖的原因是温室效应。那么，什么是温室效应呢？现今全球的地面平均温度约为15℃。可是，如果没有大气，地球的地面平均温度应为－18℃。为什么会有33℃的差距呢？这是因为地球有大气，像条被子一样，造成温室效应之故。

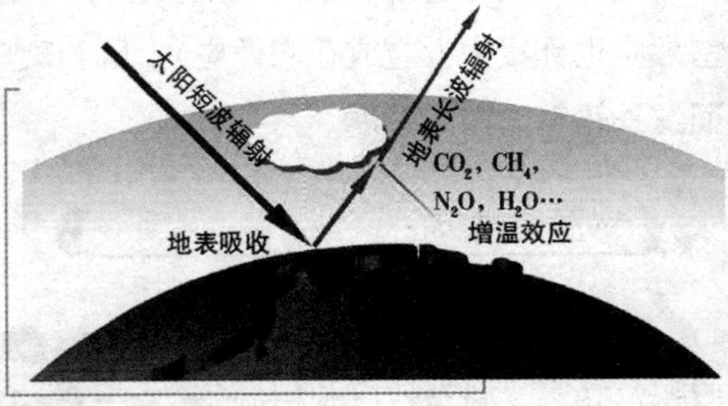


温室效应示意图



基本小知识

### 电磁波

电磁波（又称电磁辐射）是由同相振荡且互相垂直的电场与磁场在空间中以波的形式移动，其传播方向垂直于电场与磁场构成的平面，有效地传递能量和动量。电磁辐射可以按照频率分类，从低频率到高频率，包括有无线电波、微波、红外线、可见光、紫外光、X－射线和伽马射线，等等。

世界上，宇宙中任何物体都辐射电磁波，物体温度越高，辐射的电磁波波长越短。太阳表面温度约6000℃，它发射的电磁波长很短，从0.2～4微米，其中有一半能量集中在0.35～0.7微米，是从紫到红的可见光。短于0.35微米的称为紫外线，长于0.7微米的为红外线，人眼都看不见。地面一方面接受太阳短波辐射而增温，同时也时时刻刻向外辐射电磁波而冷却。地球发射的电磁波波长因为温度较低而较长，在4~100微米，称为地面长波辐射或红外辐射。短波辐射和长波辐射在经过地球大气时遭遇是不同的：大气对太阳短波辐射几乎是透明的，但却强烈吸收地面长波辐射。大气在吸收地面长波辐射的同时，它自己也向外辐射波长更长的红外辐射。其中向下到达地面的部分称为逆辐射。地面接受到逆辐射后就会升温，或者说大气对地面起到了保温作用。这就是大气温室效应的原理。

地球大气的这种保温作用很类似于种植花卉的暖房顶上的玻璃（因此温室效应也称暖房效应或花房效应）。因为玻璃也有透过太阳短波辐射和吸收地面红外辐射的保温功能。

## ◎温室气体

为什么地球上会产生温室效应呢？其实，温室效应源自温室气体。地球大气中起温室作用的气体称为温室气体，主要有二氧化碳、甲烷、臭氧、一氧化二氮、氟利昂以及水汽等。它们几乎吸收地面发出的所有波长的红外辐射，其中只有7.5~13微米的红外辐射区段吸收很少，因此称为“红外窗区”。地球主要正是通过这个窗区把从太阳获得热量中的70%又以长波辐射形式返回宇宙空间。其余30%太阳辐射是地面、云和大气分别通过反射和散射返回宇宙空间的。这

### 拓展阅读

### 红外辐射的发现

1666年，英国物理学家I. 牛顿发现，太阳光经过三棱镜后分裂成彩色光带——红、橙、黄、绿、青、蓝、紫。1800年，英国天文学家赫歇耳在用水银温度计研究太阳光谱的热效应时，发现热效应最显著的部位不在彩色光带内，而在红光之外。因此，他认为在红光之外存在一种不可见光。后来的实验证明，这种不可见光与可见光具有相同的物理性质，遵守相同的规律，所不同的只是一个物理参数——波长。这种不可见光称为红外辐射。

样就维持了地面温度不变。温室效应主要正是因为人类活动增加了温室气体的数量和品种，而使这70%的比值下降，留下的余热使全球变暖的。

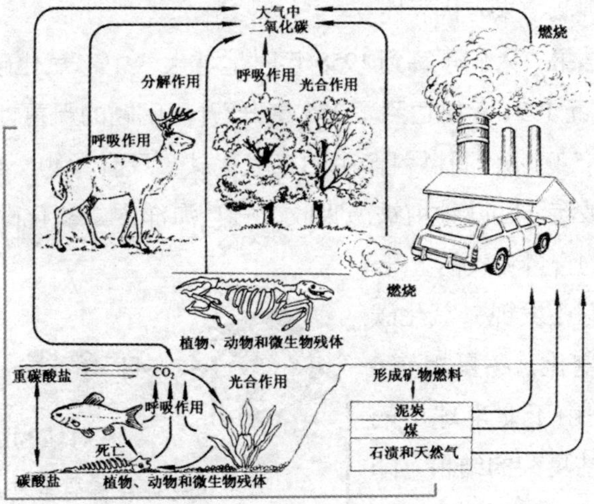


二氧化碳循环示意图

不过，二氧化碳等温室气体虽然吸收地面红外辐射的能力很强，但它们在大气中的数量却极少。如果把压力为1个的大气压、温度为0℃的大气状态称为标准状态，那么把地球整个大气层压缩到这个标准状态，其厚度是8000米。目前，大气中的二氧化碳的含量为355毫升/升，即占总含量的3.55/10000。把它换算到标准状态，将是2.8米厚。在8000米大气中就占2.8米这一点点。甲烷是1.7毫升/升，相应为1.4厘米厚。臭氧浓度为0.4毫升/升，换算后只有3毫米厚。一氧化二氮是0.31毫升/升，仅为2.5毫米。氟利昂有许多种，但大气中含量最多的氟利昂12也只有0.0004毫升/升，换算到标准状态只有3微米。由此可见，大气中温室气体含量之少。也正因为如此，人为释放如不加以限制，便很容易引起全球迅速变暖。

早在1938年，英国气象学家卡林达在分析了19世纪末世界各地零星的二氧化碳观测资料后，就指出当时二氧化碳的浓度已比20世纪初上升了6%。由于他还发现从19世纪末到20世纪中叶也存在全球变暖的倾向，在世界上引起了很大的反响。为此，美国斯克里普斯海洋研究所的凯林于1958年在夏威夷岛的冒纳罗亚山海拔3400米的地方建立起了观测所，开始了二氧化碳含量的精密观测。由于夏威夷位于北太平洋中部，因此可以认为它不受陆地大气污染影响，观测结果有代表性。

根据观测结果，人们了解到1958年时地球大气中二氧化碳含量不过315毫升/升左右，而1991年已达到了355毫升/升。问题的严重性还在于，目前人类每年燃烧55亿吨化石燃料产生的二氧化碳，只有大约一半进入了大气，其余一半主要被海洋和陆地植被所吸收。一旦海洋中二氧化碳达到饱和，大气中二氧化碳的含量将成倍上升。

此外，人们还发现二氧化碳的含量有季节变化，冬夏相差6毫升/升。这是由于北半球广阔大陆上植被冬枯夏荣的结果，即各种植物在夏季大量吸收二氧化碳，因而使大气中二氧化碳的浓度相对降低。

甲烷是仅次于二氧化碳的重要温室气体。它在大气中的浓度虽比二氧化碳少得多，但增长率则大得多。据联合国政府间气候变化委员会1996年发表的第二次气候变化评估报告（《报告》），从1750～1990共240年间二氧化碳增加了30%，而甲烷增加了145%。那么甲烷是什么呢？甲烷也称沼气，是缺氧条件下有机物腐烂时产生的，例如水田、堆肥、畜粪等都会产生沼气。一氧化二氮又称笑气，因为吸入一定浓度的这种气体后会引起面部肌肉痉挛，看上去像在发笑一样。一氧化二氮主要是使用化肥和燃烧化石燃料和生物体所产生。氟利昂气体是氯、氟和碳的化合物。自然界中本不存

广角镜

### 氮对植物的影响

氮是构成蛋白质的主要成分，对茎叶的生长和果实的发育有重要作用，是与产量最密切的营养元素。在第一穗果迅速膨大前，植株对氮素的吸收量逐渐增加。以后在整个生育期中，特别是结果盛期，吸收量达到最高峰。土壤缺氮时，植株矮小，叶片黄化，花芽分化延迟，花芽数减少，果实小，坐果少或不结果，产量低，品质差。氮素过多时，植株徒长，枝繁叶茂，容易造成大量落花，果实发育停滞，含糖量降低，植株抗病力减弱。

在，完全是人类制造出来的。由于它的溶点和沸点都比较低，不燃、不爆、无臭无害，稳定性极好，因此广泛用来制造制冷剂、发泡剂和清洁剂等。地球大气中浓度最高的氟利昂 12 和氟利昂 11 含量虽都极少，但增长率很高，都是年增 5%。不过由于它同时破坏大气臭氧层，根据 1987 年国际《蒙特利尔议定书》，今后可望逐渐减少。

## ◎温室气体与气温的数量关系

那么，温室效应会带来什么后果呢？工业革命前地球大气中的二氧化碳的含量是 280 毫升/升，如按目前增长的速度，到 2100 年，二氧化碳的含量将增加到 550 毫升/升，即几乎增加一倍。全世界的许多气象学家都在努力研究二氧化碳含量增加一倍以后，到 2100 年的全球平均气温会升高多少。

具体的方法是设计数值模式进行计算。就是把大气运动变化遵循的规律，设计成数值模式进行计算。不过，由于人们对大气运动变化规律认识得还不完善，采取的简化计算办法不同，各个模式的计算结果常相差很大。为此，20 世纪 80 年代美国科学院组织了评估委员会，对这些模式的结果进行研究和综合评估，最终得出二氧化碳倍增后全球气温将上升（3 ± 1.5）℃，即 1.5 ~ 4.5℃。这也就是对本问题最有权威的组织，联合国的 IPCC 第一次《报告》中就采用了这个数字。

近年来，气候模式的模拟能力有一个重大改善，这主要是考虑了大气中气溶胶的作用。因为在燃烧化石燃料放出二氧化碳的同时也释放出了大量的硫化物气溶胶（空气中悬浮的微小颗粒）。这种气溶胶会遮挡部分阳光到达地面，因此使地面气温降低。它的降温效应大约相当于二氧化碳增温效应的 1/3。根据不同温室气体的增温效应，再综合气溶胶的降温作用，科学家就可以计算未来的气温了。根据这个改进的方法，联合国 IPCC1996 年公布的第二次气候变化评估报告中，把 2100 年二氧化碳倍增后全球平均气温升温值从 1.5℃ ~4.5℃，修改为 1.0℃ ~3.5℃。评估报告中还指出，由于海洋的巨大热惰性，到 2100 年这些增温值中大约只有 50% ~90% 能得以实现。

## ◎全球变暖的结果

全球平均增温1.0℃～3.5℃并不均匀分布于世界各地，而是赤道和热带地区几乎不升温（否则也热得受不了），而主要集中在高纬度地区，数量可达6℃～8℃，甚至更大。这样一来，便引起了另一个严重后果，即两极和格陵兰的冰盖会发生溶化，引起海平面上升。北半球高纬度的冻土带也会融化变薄，引起大范围地区沼泽化。还有，海洋变暖后海水体积膨胀也会引起海平面上升。IPCC的第一次评估报告中预计海平面上升20～140厘米（相应升温1.5℃～4.5℃）。第二次评估报告中修改为15～95厘米（相应升温1.0℃～3.5℃），最可能值为50厘米，即比第一次评估报告降低了约25%。IPCC第二次评估报告还指出，从19世纪末以来的百年间，由于全球平均气温也上升了0.3℃～0.6℃，因而全球海平面相应也上升了10～25厘米。

全球海平面的上升将直接淹没人口密集、工农业发达的大陆沿海低地地区，因此后果十分严重。1995年11月在柏林召开的联合国气候变化框架公约缔约方第二次会议上44个小岛国组成了小岛国联盟，为它们的生存权而呼吁。

此外，研究结果还指出，二氧化碳增加不仅使全球变暖，还将使包括中国北方在内的中纬度地区降水将减少，加上升温使蒸发加大，因此气候将趋于干旱化。大气环流的调整，除了中纬度干旱化外，还可能造成世界其他地区气候异常和灾害。气温升高还会引起传染病流行等。

海平面上升后的上海（模拟图）

但是，温室效应也并非全是坏事，因为最寒冷的高纬度地区增温最大，因而农业区将向极地大幅度推进；二氧化碳增加也有利于光合作用而直接提高有机物质产量。还有人指出：在中国和世界上历史时期中温暖期多是降水较多、干旱区退缩的繁荣时期。此外，国外也有一批学者，认为目前气候模式在理论上相当不完善，有许多不确定性问题，IPCC 的结论过于夸大；认为人造卫星并未观测到全球变暖趋势；地面观测的数据多受日益扩大的城市热岛效应的影响；认为百年升高 0.3℃ ~0.6℃属于气候自然波动的幅度，不能证明是二氧化碳温室效应所致，等等。

不过，尽管如此，目前大气中二氧化碳的浓度和全球地表温度正迅速增加，以及温室气体增加会造成全球变暖的原理，都是不争的事实。我们如果等到问题发展到了人类可以明显感知的水平，而且不可逆转，那么就为时已晚。因此现在就必须引起高度重视，及时进行监测和诊断，以便采取对策，保护好人类赖以生存的大气环境。



## ◎如何应对全球变暖

至于全球变暖的对策，归纳起来主要有 3 个方面：

（1）减少目前大气中的二氧化碳。在技术上最切实可行的是广泛植树造林，加强绿化，停止滥伐森林，用光合作用大量吸收二氧化碳。其他还有利用化学反应来吸收二氧化碳，但在技术上都不成熟，目前经济上更难大规模实行。

（2）适应，这是无论如何必须考虑的问题。例如，除了建设防护堤坝等工程技术措施外，有计划地逐步改变当地农作物的种类和品种，以适应逐步变化的

**拓展阅读**

### 树木与环保

一棵树一年可以贮存一辆汽车行驶 16 千米所排放的污染物。很多树木可以吸收有害气体，如 1 公顷柳杉林每天可以吸收二氧化硫 60 千克，其他如臭椿、夹竹桃、银杏、梧桐等都有吸收二氧化硫的功能。当城市绿化面积达到 50% 以上时，大气中的污染物可得到有效控制。森林可增加空气湿度，一株成年树，一天可蒸发 400 公斤水，所以树林中的空气湿度明显上升。据计算，城市绿地面积每增加 1%，当地夏季的气温可降低 0.1℃。

气候。由于气候变化是一个相对缓慢的过程，只要能及早预测出气候变化趋势，相应对策是能够找到并顺利实施的。

（3）削减二氧化碳的排放量。这就是1992年巴西里约热内卢世界环境与发展大会上各国首脑共同签订的联合国《气候变化框架公约》的主要目的。公约要求发达国家到2000年把二氧化碳排放量降回到1990年的水平，并向发展中国家提供资金，转让技术，以帮助发展中国家减少二氧化碳的排放量。因为近百年来全球大气中二氧化碳浓度的迅速升高，绝大部分是发达国家排放的。发展中国家首先是要脱贫，要发展。发达国家有义务这样做。

但是，由于公约是框架性的，并没有约束力。而且削减二氧化碳排放量直接影响到发达国家的经济利益，有些发达国家不仅没有减排，甚至还在增排。因此，这些国家根本没有在2000年把二氧化碳的排放量降到1990年水平。

## 气候变暖会给中国带来什么影响

全球的气候都在变暖，而且全球气候变暖既给地球带来了灾害，也带来了不少益处。那么，气候变暖给中国带来了什么呢？本节我们将着重讲一讲北京师范大学张兰生教授的研究结果。

### ◎气候变暖与经济繁荣

北京师范大学教授张兰生领导进行的题为“中国生存环境历史演变规律研究”的课题，是中国“八五”国家基础性研究中的重大项目。他们分析了1万年以来中国的气候变化，根据变化规律，他们将这1万年分为三个阶段，8500年前属于第一阶段；经过三次显著的阶段性增温后，在距今8500年左右，中国进入第二阶段——全新世暖期；3000年前，中国气候进入第三阶段，这个阶段的气温逐渐在波动中降低到现代的水平。

更有意思的是：3000 年来，中国气候呈现出冷暖周期性的交替格局，和现代相比，有时更加温暖，有时更加寒冷。这种变化周期为 300～500 年。在总的降温过程中，冷期在明显增长。

具体来说，春秋时期比现代温暖，战国到西汉初比现代稍微寒冷一些，西汉初到东汉末气温逐渐转暖，魏晋南北朝时期基本上比较寒冷，但中间也有转暖时期。隋唐持续温暖，中唐以后逐步转冷。公元 9～13 世纪，即从唐末到宋末，平均比现代温暖，这时相当于全球性的中世纪暖期。

公元 1230 年发生的一次气候突变，标志着中世纪暖期即将结束，以后中国气候逐渐进入小冰期。20 世纪初开始，气候逐渐转暖，但是至今还没有达到 1230 年以前的水平。也就是说，至今为止，中国的气候还没有再创造新的“历史最高纪录”。

张兰生教授分析，从历史对比的角度看，处于唐末到宋末的中世纪暖期，可能是和即将到来的 21 世纪增暖期最为接近的一段时期。9～13 世纪，即中世纪时，中国的华北地区平均温度比现代高出 1℃～2℃，降水量也要高出 10% 左右，最高海平面则比现代高出 0.4～0.7 米。

令人感兴趣的是，张兰生教授领导的课题组还得出了这样一个结论：历史上的暖期，中国一般都处在经济和文化繁荣的时期。像辉煌一时的唐朝和汉朝，就是中国封建王朝的鼎盛时期。这可能是因为，暖期对中国北方农业的生产有利，生产范围扩大，使得国泰民安。

## ◎ 气候变暖对中国的不利影响

那么这究竟是喜是忧呢？全球著名大气物理学家、中国大气物理学的创始人叶笃正先生认为，从总体上来看，未来 30 年内，中国华北地区生存环境将向着不利的方向发展。这包括气温将继续增高，降水虽然将有所增加，但是在地面蒸发量增加的情况下，水资源将进一步短缺。

从 1991 年起，以叶笃正为首的科学家承担了列入国家科委“攀登计划”的国家基础性研究重大关键项目——“中国未来（20～50 年）生存环境变化趋势的预测研究”。1996 年 7 月，这个项目通过了有关单位组织的验收。科学家们呼吁，生存环境是关系到每一个人乃至人类的大事，国家应该及早重视这一发展趋势，积极采取措施，加强这方面的对策研究，以缓和并遏制这一趋势所带来的不利影响。

近 40 年来，中国冬季普遍增温，北部增温高而南部弱，西南部还稍有降温。夏季北部稍有增温，但不显著，南部稍有降温，而西南部有比较显著的降温。由于中国能源主要来自煤，所以大气中硫化物显著增加，以中国西南部最为强烈。大气中的硫化物有降温作用，这可能是中国西南部 40 年来降温的原因之一。在未来一段较长时期内，中国能源将仍以煤为主，大气中硫化物仍将持续居高不下，它将减弱二氧化碳和甲烷等温室气体的增温效应。但硫化物将带来一系列其他影响，如酸雨的危害等，值得人们注意。

“八五”期间，研究人员集中力量对华北地区生存环境进行了研究。华北地区包括河北省、山西省和山东省、内蒙古东南部和辽宁西部。这里是中国经济发展重点地区之一，北部有京津塘工业区。华北平原是中国主要的粮食基地之一。但是这一地区水资源的严重短缺，制约着经济的后续发展。

**华北平原是我国小麦的主产区**

科学家为我们描述了这样一幅图景：到 2030 年左右，华北地区在自然变化和人类活动的影响下，冬季将比现代增温 1.0℃～1.5℃，降水基本持平，夏季增温 0.5℃～0.8℃，降水增加 1%～2%。年际气候变化大，多年持续性严重旱涝少。由于未来增温，蒸发量明显增加，而降水的增加不足以弥补蒸发的消耗，所以华北地区的主要河流——海河、滦河流域径流将减少 3%～6%。

值得注意的是，作为北京“活力之源”的密云水库，入库流量将减少

2.4 亿立方米左右，河北省的官厅水库将减少近 10 亿立方米。

增温和缺水对生态系统有明显的影响。主要粮食作物冬小麦产量将增加，春小麦和玉米产量将下降。主要树种落叶松分布面积减少，北部典型草原草质下降，不利于畜牧业发展。华北干旱区将向北移动，在河北北部和内蒙古东南部干旱化可能增强，而人口增加和农牧业的发展将使荒漠化土地增加。沙漠化将随人畜增加有所扩展。

北京的“活力之源”密云水库

叶笃正教授认为，未来 30 年内温室气体将继续增加，其增温效应也将持续下去。因此华北也将继续增温，而且冬季增温大于夏季，北方大于南方。不能小看气温似乎仅仅增加 1℃ 多，这实际上已经能对生存环境造成很大的影响。

## 知识小链接

### 官厅水库简介

官厅水库位于河北省张家口市和北京市延庆县界内，于 1951 年 10 月动工，1954 年 5 月竣工，是新中国成立后建设的第一座大型水库；主要水流为河北怀来永定河，水库运行 50 多年来，为防洪、灌溉、发电发挥了巨大作用。官厅水库曾经是北京主要供水水源地之一。20 世纪 80 年代后期，库区水受到严重污染，90 年代水质继续恶化，1997 年水库被迫退出城市生活饮用水体系。之后在 2007 年 8 月被重新启用作为北京饮用水水源地。

既然如此，如何做到趋利避害呢？叶笃正教授认为，当务之急还是水的问题。有限的水资源必须合理利用，工业上，要有一个更加合理的布局；农业上，应该多种植一些耐旱作物，改进大水漫灌的传统方式；同时要大力宣传节约用水，并制定科学的水费标准。叶笃正教授认为，每一个人都必须从现在做起，从我做起，改善我们的环境，爱护我们的家园，防患于未然。

## 大气中的臭氧洞

20 世纪 80 年代，科学家们发现大气中的臭氧层在逐渐变薄，并在地球的南极上空出现了臭氧洞。由于大气臭氧层变薄会使过量太阳紫外辐射到达地面，进而给人类的生存环境带来灾难，因而引起了世界各国政府和人民的普遍关注。人们普遍关心的问题是：破坏大气臭氧层的元凶是谁？大气臭氧层是否会继续变薄？大气臭氧层变薄对人们的生存环境会有什么危害？

### ◎ 破坏臭氧层的元凶

臭氧于 1839 年被发现，后经证实为地球大气中的一种微量气体组分，其总量只占大气的百万分之几，而且 90% 集中在离地面 10 ~ 50 千米的大气层中，被称为大气臭氧层。如果把地球大气中所有臭氧集中在地球表面上，则它只形成约 3 毫米厚的一层气体，其总重量约为 30 亿吨。

大气臭氧层在维护人类正常生存环境方面起着重要作用，它可以吸收掉对地球上生灵有危害的太阳紫外辐射。可以说，大气中的臭氧层实际上是地球上一切生命免受过量太阳紫外辐射伤害的天然屏障，是地球生物圈的天然保护伞。正是由于臭氧层的存在，才使地球上的一切生命，包括人类本身得以正常生长和世代繁衍。可以毫不夸大地说，如果地球大气中没有臭氧层，地球上就没有生命。

但是，近几十年来，臭氧层却遭到了破坏。臭氧层遭到破坏是怎样被发现的呢？目前，分布在全世界各地的 150 多个观测站形成了全球臭氧观测系统，并按世界气象组织规定的统一规范对大气臭氧进行着日常业务观测。1985 年，人们未预料到的事件发生了。这一年，英国国家环境研究委员会南极考察队的科学家乔·福曼等人首次报道，1980~1984年间，南极上空每年春季（10月份）臭氧含量与同年3月份相比大幅度下降，出现了臭氧洞。这一事件立即引起了科学家们的密切关注。随后包括中国在内的很多国家都组织科学工作者对南极上空臭氧变化开展了实地考察和相应的理论研究工作。

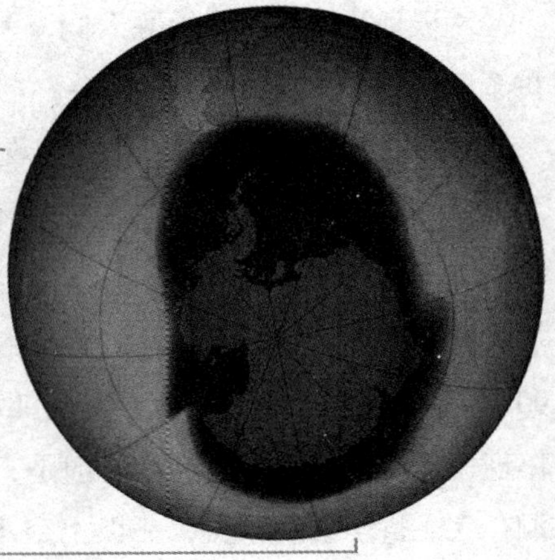

南极上空的臭氧洞

所谓南极臭氧洞是指南极地区上空大气臭氧总含量季节性大幅度下降的一种现象，并非真正出现了洞。为了给臭氧洞一个相对明确的定量化概念，世界气象组织建议称臭氧总量下降至200个臭氧单位以下的区域为臭氧洞。

科学家们的研究表明，南极大陆上空大气中臭氧含量的明显减少始于20世纪70年代末并于1982年10月南极上空首次出现了臭氧含量低于200个臭氧单位的区域，形成了臭氧洞。20世纪90年代以来，南极臭氧洞持续发展，臭氧洞最大覆盖面积达到（20~24）$\times 10^6$平方千米。南极上空通常于每年9月下旬之后开始出现臭氧洞，在10月上旬臭氧洞的深度达到最深，面积达到最大，并一般于11月底12月初臭氧量迅速恢复到其正常值。

你知道吗

### 臭氧对人体有什么危害

研究表明，空气中臭氧浓度引起人员一定反应的浓度为0.5~1ppm，时间长了会感到口干等不适，浓度在1~4ppm会引起人员咳嗽。原因就在于，作为强氧化剂，臭氧几乎能与任何生物组织反应。当臭氧被吸入呼吸道时，就会与呼吸道中的细胞、流体和组织很快反应，导致肺功能减弱和组织损伤。对那些患有气喘病、肺气肿和慢性支气管炎的人来说，臭氧的危害更为明显。

南极臭氧洞的出现提醒人们，大气臭氧层这把地球上一切生命的天然保护伞已受到严重威胁。

地球有两极，既然南极上空出现了臭氧洞，那么，北极上空有臭氧洞吗？其实这一问题是在南极臭氧洞发现不久由科学家们自己提出来的。1989 年，来自美国、英国、挪威和联邦德国等国的 200 多名科学家对北极上空的臭氧层进行了考察。结果表明，北极上空臭氧层的破坏相当严重。尤其是 20 世纪 90 年代以来，在中纬度，北美洲和欧洲的大部分地区以及西伯利亚上空连续出现臭氧浓度的不寻常减少。但是，到目前为止，在北极上空还未发现臭氧洞存在。科学家们预言，北极上空冬季的臭氧耗损将会维持很长一段时间，甚至会更严重，但是由于南北极上空温度和大气环流形势等的明显差异，在北极上空出现像南极上空那样的臭氧洞的可能性较小。

那么，臭氧洞是怎样形成的呢？谁是破坏臭氧层的元凶呢？围绕南极臭氧洞形成的原因在一段时间内曾争论不一，众说纷纭，先后提出了多种假说。基于大量研究结果，目前，科学家们已清楚地认识到南极臭氧洞是人类活动造成的，人类向大气中排放的氟氯烃化合物导致了臭氧层的破坏。

20 世纪以来，随着工业的发展，人们在制冷剂、发泡剂、喷雾剂以及灭火剂中广泛使用性质稳定、不易燃烧、价格便宜的氟氯烃物质以及性质相似的卤族化合物。这些物质在大气中滞留时间长（有的可达 100 年以上），容易积累，当它们上升到高层大气以后在强烈的太阳紫外辐射作用下，释放出氯（溴）原子，后者可以使上万个臭氧分子遭到破坏。

在南极上空，冬季由于没有热能或热能很弱，气温下降，上层大气变冷。同时，被称为极区涡流的环极气流将南极大陆上空的空气团团围住，使得高纬度周围的大量空气与低纬度空气隔离开来而形成一个温度很低的区域。在这一区域内，臭氧层遭到大幅度破坏而形成臭氧洞。春季来临，极区温度开始升高，臭氧的耗损过程停止，同时极区涡流遭到破坏，高低纬度之间的径向交换加强，含有低浓度臭氧的空气迅速向低纬度地区扩展，而同时极区周围含臭氧量高的空气进入极区上空，导致臭氧洞最后消失。

由此可见，氟氯烃化合物是破坏臭氧层并造成南极上空出现臭氧洞的真正元凶。

基本小知识

**卤 素**

元素周期表ⅦA族元素，包括氟、氯、溴、碘、砹和未发现的Uus。它们在自然界都以典型的盐类存在，是成盐元素。卤素的化学性质都很相似，它们的最外电子层上都有7个电子，有取得一个电子形成稳定的八隅体结构的卤离子的倾向，因此卤素都有氧化性，原子半径越小，氧化性越强，因此氟是单质中氧化性最强者。



## ◎ 臭氧洞的不利影响

人类的活动造成了臭氧层的破坏。而臭氧的耗损也对人类产生了极其严重的影响。由于人类活动本身造成了大气中臭氧层的耗损，使过量的紫外辐射到达地球表面，而这过量的紫外辐射又会危害人类本身及其生存环境，从而显示出大自然对人类的报复。臭氧耗损对人类的报复行为可归纳为下述几个方面。

(1) 人类皮肤癌增加。过量紫外辐射对人体的危害主要是破坏去氧核糖核酸（DNA），从而会导致癌症发生。过量紫外辐射首先会引起皮肤晒斑，同时还会引起白内障。有资料表明，大气中臭氧含量每减少1%，就可能增加3%的皮肤癌发生率。过量的紫外辐射还会损害人体的抵抗力，抑制人体

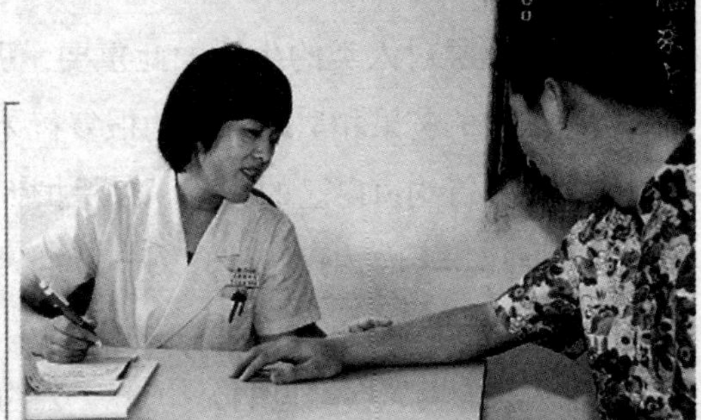

臭氧层的破坏引起了多种皮肤病

免疫系统的功能，造成许多疾病的发生。

（2）恶化大气环境。20世纪中叶震惊世界的伦敦烟雾和洛杉矶光化学烟雾都曾使几千人丧生，都是人类活动恶化大气环境的典型实例。当大气中臭氧含量减少时，会有更多的太阳紫外辐射到达地面，这会增加近地面大气臭氧形成的速率，进而会增加光化学烟雾的发生概率，使大气环境恶化。

（3）破坏生态平衡。过量的紫外辐射到达地面会使许多农作物和微生物受到损害。最容易受到破坏的是豆类、甜瓜、芥菜和白菜等，土豆、西红柿、甜菜和大豆等产品质量会下降，产量会减少，大多数农作物和树木（尤其是针叶树木）会变得衰弱。不仅如此，过量紫外辐射还会危害海洋表层内的浮游生物、鱼苗、虾和藻类等，这些生物是海洋食物链的重要组成部分，它们的损害会直接引起海洋生物界的变化。

所以说，过量的紫外辐射到达地面可能导致的后果是严重的。当然，大气中臭氧耗损对人类的影响还不仅是这些。过量紫外辐射还会加速建筑物、绘画、橡胶制品、塑料制品等的老化过程，缩短它们的使用寿命，造成严重的经济损失。

## ◎ 人们为保护臭氧层做出的努力

既然臭氧层对人类的生活如此重要，那么我们应该做些什么呢？其实，面对自己酿成的苦果和臭氧耗损的报复行为，大部分人已经觉悟到，必须采取坚决措施强行约束自己的行为，以保护大气臭氧层这个人类和地球生态系统的天然屏障。下面，我们就介绍一下世界各国人民为保护臭氧层所做出的努力。

（1）《保护臭氧层维也纳公约》。“公约”于1985年在维也纳签署，“公约”明确指出大气臭氧层耗损对人类健康和环境可能造成的危害，呼吁各国政府采取合作行动，保护臭氧层，并首次提出氟氯烃类物质作为被监控的化学品。

（2）《关于消耗臭氧层物质的蒙特利尔议定书》。“议定书”于1987年9月通过，“议定书”对充当破坏大气臭氧层元凶的氟氯烃类物质的生产、使用、贸易和控制时间表做出了具体规定。

（3）伦敦会议。人们意识到保护臭氧层的紧迫性，并普遍认为控制氟氯烃等消耗臭氧物质的时间表应当提前，因此120多个国家的代表于1989年3月在伦敦开会商讨拯救大气臭氧层的具体措施，并对“议定书”提出了伦敦修正案。

（4）《保护臭氧层赫尔辛基宣言》。“宣言”于1989年5月通过，“宣言”呼吁加强替代产品和技术的开发，提出最迟于2000年前取消氟氯烃类物质的生产和使用。

（5）“9·16国际保护臭氧层日”。自1995年起，每年9月16日为国际保护臭氧层日，以提高人们保护大气臭氧层的意识。

可见，人类为挽救大气臭氧层已经和正在付出巨大的努力，虽然为时稍晚，但仍不失为“亡羊补牢”之举。

**拓展阅读**

**光化学烟雾**

汽车、工厂等污染源排入大气的碳氢化合物和氮氧化物等一次污染物，在阳光的作用下发生化学反应，生成臭氧、醛、酮、酸、过氧乙酰硝酸酯（PAN）等二次污染物，参与光化学反应过程的一次污染物和二次污染物的混合物所形成的烟雾污染现象叫做光化学烟雾。

世界各国政府和人民都在关注、保护臭氧层，那么大气臭氧层还会继续变薄吗？当前，各国政府乃至平民百姓都对大气臭氧层的破坏给予极大关注。他们想知道：大气中的臭氧层是否会继续变薄？他们担心自己的生存环境是否会进一步恶化。

人们的担心是有道理的，对大气臭氧层的地面和卫星观测结果分析表明，自20世纪70年代开始，可以观察到大气臭氧层在全球范围内的明显耗减。值得注意的是，在人群集中的北半球，20世纪90年代以来在冬季连续观测到

1957 年以来的最低臭氧值。那么，这种令人担心的臭氧层变薄还会持续多长时间呢？科学家们的回答是，这完全取决于人类自己。臭氧层变薄主要是由于人类向大气中排放的消耗臭氧物质引起的，目前这种物质在大气中的浓度还在继续增长。这就意味着，如果大气中的一些基本过程没有明显变化，那么大气中臭氧层的耗损会一直延续到 21 世纪中期前后。

## 厄尔尼诺现象

1997 年春夏之交，热带中、东太平洋海温再次异常升高，形成了一次新的“厄尔尼诺”事件。这是一次来势很猛、发展迅速的强“厄尔尼诺”事件。从其发展趋势来看，8 月和 9 月赤道东太平洋的海温已经达到了半个多世纪以来历史同期最高值。这次事件的强度目前已与本世纪最强的1982 ~ 1983 年“厄尔尼诺”事件相当。

### ◎ 什么是“厄尔尼诺”

“厄尔尼诺”为“EI Nino”的音译，为西班牙语“圣婴”的意思。在南美厄瓜多尔和秘鲁沿岸，受来自高纬度冷洋流和涌升流的影响，海水温度比同纬度的太平洋西部明显偏低。每年圣诞节前后，当地海水都会出现季节性的增暖现象。海水增暖期间，渔民捕不到鱼，常利用这段时间在家休息，渔民们就把这种每年一度出现在圣诞节前后的海水增暖现象称为厄尔尼诺现象。在有些年份里海水增暖异常激烈，暖水区一直发展到赤道中太平洋，持续的时间也很长，它不仅严重扰乱了渔民的正常生活，引起当地气候反常，还会给全球气候带来重大影响。现在，“厄尔尼诺”一词已被气象和海洋学家用来专门指这些发生在赤道太平洋东部和中部的海水异常增暖现象。

气象学家们还发现，南太平洋和印度洋的海平面气压之间存在着“跷跷板”式的关系，往往一边气压升高，另一边气压降低，此现象被气象学家们

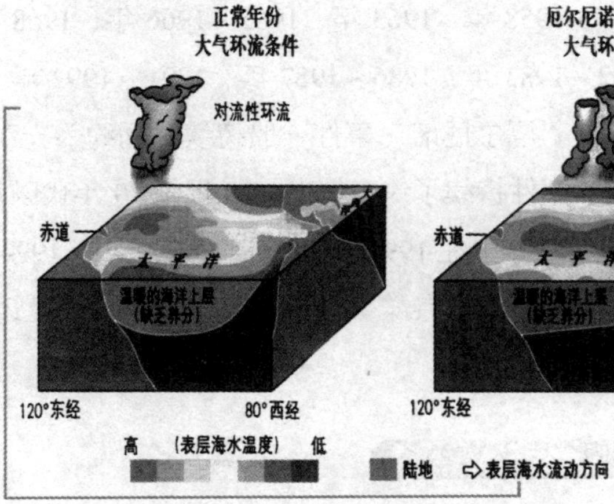


厄尔尼诺现象成因示意图

称为“南方涛动”。南方涛动与“厄尔尼诺”的关系极为密切，“厄尔尼诺”期间南太平洋地区海平面气压下降而热带西太平洋至印度洋地区气压上升。所以人们又把“厄尔尼诺”和南方涛动合起来称为“厄索”。

基本小知识

### 涌升流

涌升流又叫上升流或者上升补偿流。是由于风力和密度差异所形成的洋流，使海水流出的海区海平面降低，底层海水上涌补充的现象。涌升现象与渔业密切关系，以沿岸涌升区为代表的多数涌升区域是非常好的渔场。在那里，由于有丰富的营养盐，浮游植物的生产量和浓度很大，所以作为饵料的浮游动物及鱼很多，而且初级生产者组成大型硅藻占多数，所以食物链的能源效率高。

“厄尔尼诺”不是一种孤立的海洋现象，它是热带海洋和大气相互作用的产物。它的物理过程十分复杂，科学家们对“厄尔尼诺”的形成机制虽然有了一定的了解，但还不完全清楚。

“厄尔尼诺”的发生具有准周期性，通常 2 ~ 7 年发生一次，但并不遵循严格的周期。1950 年以来共发生了 14 次“厄尔尼诺”事件，分别发生在

1951 年、1953 年、1957 ~ 1958 年、1963 年、1965 ~ 1966 年、1968 ~ 1969 年、1972 年、1976 年、1982 ~ 1983 年、1986 ~ 1987 年、1991 ~ 1992 年、1993 年、1994 ~ 1995 年及 1997 年。“厄尔尼诺”事件一般持续时间约为一年，短的仅半年，1950 年以来最长的事件持续了约一年半。20 世纪 90 年代以来，“厄尔尼诺”事件发生尤为频繁，其中在 1991 ~ 1992 年，1993 年，1994 ~ 1995 年连续发生了 3 次。这些事件不仅给海洋生物带来巨大影响，而且还使世界各地气候异常事件频繁发生。

## ◎厄尔尼诺的影响

在大洋洋面上，大气低层风驱动着表层海水的流动，由于受到地球自转偏向力的影响，海水并不顺着风向流动，而是在北半球偏向它的右侧，在南半球偏向它的左侧。南美北部太平洋沿岸盛行东南信风，风向平行于海岸，因此海水的流动是离岸的，沿岸表层没有海水来补充，迫使表层以下的海水上升，以替代流走的海水，使这个地区出现冷海水上翻现象，生成巨大的涌升流，使得该地区海温偏低。涌升流把海洋深层营养丰富的物质带到海面，受到阳光照射后，浮游植物利用这些营养生成叶绿素使自己大量繁殖，为靠吞食浮游植物生存的浮游动物提供了丰富的食物，再影响到海洋食物链中高一层次上的鱼类等海洋生物。

当“厄尔尼诺”发生时，南美沿岸涌升流减弱，无法把海洋下层营养丰富的冷海水带到海面，正常的食物链遭到严重破坏，浮游生物大量减少，很多鱼类失去了赖以生存的食物。东风减弱又使赤道太平洋海平面高度西部降低、东部上升，表层海水沿赤道向东涌。这股较暖的海水在数月之后到达太平洋东侧时，被迫沿海岸向南和向北流动，导致鱼类大量迁徙或死亡。这种影响可以北至加拿大，南至智利中部沿岸。因此，“厄尔尼诺”常常给赤道中、东太平洋沿岸国家渔业带来巨大损失。例如，1970 年秘鲁的鱼捕获量达 1200 万吨，而经过 1972 年的强“厄尔尼诺”，1973 年陡降到 200 万吨以下。由于鱼类的大量消失，海鸟也因得不到食物而迁徙或死亡，南美沿岸国家又因此失去了宝贵的鸟粪肥料，使当地农业生产和国民经济也受到了很大影响。“厄尔尼诺”期间赤道东太平洋和秘鲁沿海等地区海平面高度上升也是海洋许多生物遭灾的一个原因。1982～1983年强“厄尔尼诺”期间，圣诞岛海平面高度上升，出现了大量海鸟被迫抛弃巢中幼鸟在茫茫无际的大洋上绝望地寻觅食物的惨象。其他海洋动物也难逃劫难，到1983年中期海洋状况恢复正常时，当年25%的成年海豹和海狮以及全部的幼崽丧生。

知识小链接

食物链

食物链又称为“营养链”。指生态系统中各种生物以食物联系起来的连锁关系。例如池塘中的藻类是水蚤的食物，水蚤又是鱼类的食物，鱼类又是人类和水鸟的食物。于是，藻类—水蚤—鱼类—人或水鸟之间便形成了一种食物链。

厄尔尼诺现象不但对海洋生物产生极其不利的影响，也会对气候产生影响。正常情况下，赤道太平洋地区东风强劲，处于太平洋东部的冷海水区域上方的空气温度低、密度大，难以把水汽抬升到能够成云致雨的高度。因此，这一带洋面上空通常为无云或少云天气，年降水量只有500毫米左右；而印度尼西亚以西的热带太平洋暖海水区域则雨水十分丰沛，年降水量一般在2000毫米以上。

但是，当某种原因引起信风减弱时，维持赤道太平洋海面东高西低的支柱被破坏，冷水与暖水的区域就要发生变化，西太平洋暖的海水迅速向东蔓延，以前覆盖在热带西太平洋海域的暖水层变薄，海温在太平洋西侧下降，东侧上升。同时，赤道东太平洋的涌升流也随信风减弱而减弱，暖海水逐步占据了赤道中、东太平洋地区。当这种增暖达到一定程度并持续几个月以上时，被称为一次“厄尔尼诺”事件。温暖的海域又是大气能量的宝库，它加热海洋上空的潮湿空气，潮湿空气变轻并上升，形成对流云，使得这些地区降雨增加。热带西太平洋地区的多雨区随着海洋温度的改变而向东移动，直接导致印度尼西亚、澳大利亚、印度发生干旱，中太平洋及南美太平洋沿岸国家异常多雨，甚至引起洪涝等灾害。例如，印度季风与“厄尔尼诺”有很大的相关性，在1871～1990年间发生的26次“厄尔尼诺”中有22年印度降水偏少或干旱，其中最严重的几次干旱都发生在“厄尔尼诺”年。在1991～1992年，1993年，1994～1995年三次“厄尔尼诺”事件期间，澳大利亚东部经历了近60多年来最严重的干旱，持续时间长达4年之久；中南半岛、菲律宾、印度尼西亚也先后发生了不同程度的干旱。“厄尔尼诺”引起的持续干旱，使得这些地区的粮食和经济作物受到严重损失。

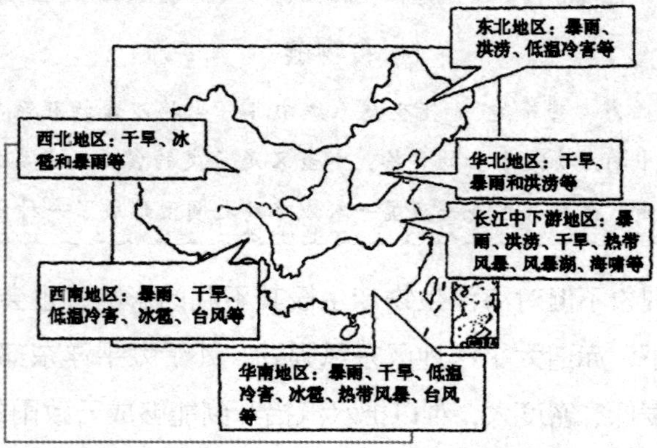


**“厄尔尼诺”对中国的影响**

“厄尔尼诺”不仅改变了整个热带太平洋上空的大气状况，而且还影响到热带的其他地区，甚至会导致热带以外地区的气候异常。研究表明，“厄尔尼诺”还与非洲东南部和巴西东北部的干旱有联系；也对大西洋飓风有明显影响，“厄尔尼诺”年大西洋飓风日数明显减少；对西太平洋台风的活动也有一定影响。“厄尔尼诺”年登陆中国的台风数也较少，如1997年只有4次台风登陆中国，明显少于常年的7～8次，但也有例外的情况，如1957～1958年及1991～1995年三次连续的“厄尔尼诺”期间中国也出现登陆台风较多的情况。此外，“厄尔尼诺”还与热带以外的地区如加拿大西部和美国北部暖冬以及美国南部冬季降水偏多相联系；与日本及中国东北的夏季低温、日本和中国的降水等也具有一定的相关性。但气候形成的原因是多方面的、错综复杂的，它常常是各种气候因子综合作用的结果。在热带地区，尤其是热带太平洋地区，“厄尔尼诺”对气候的影响最为显著；但在热带以外地区，如中国，“厄尔尼诺”对气候的影响就比较复杂。况且每次“厄尔尼诺”的出现时间、区域以及强度上都存在着很大的差异，不同类型的“厄尔尼诺”对气候造成的影响也不尽相同，很难断言“厄尔尼诺”发生时中国某个地区的气候一定会发生某种特定的异常。

**拓展阅读**

### 拉尼娜现象

拉尼娜现象是指赤道太平洋东部和中部海表温度大范围持续异常变冷的现象，也称为“反厄尔尼诺现象”。拉尼娜现象常与厄尔尼诺现象交替出现，但发生频率要比厄尔尼诺现象低。拉尼娜现象出现时，我国易出现冷冬热夏，登陆我国的热带气旋个数比常年多；印度尼西亚、澳大利亚东部、巴西东北部等地降雨偏多；非洲赤道地区、美国东南部等地易出现干旱。

气候与节气漫谈

# 世界气候极值

QIHOU YU JIEQI MANTAN

《西游记》中有一段最精彩的故事：孙悟空三借芭蕉扇，唐僧师徒智闯火焰山。这火焰山并非杜撰，而是确有此山。它就是位于新疆吐鲁番地区。吐鲁番是中国最热的地方之一，夏季最高气温高达47.8℃，地表最高温度高达70℃以上，沙窝里可烤熟鸡蛋。

不过，在世界上，吐鲁番还不能称得上是最热的地方，比如阿尔及利亚的瓦格拉，曾测得53.6℃的温度，美国加利福尼亚的岱斯谷，出现56.7℃的高温。这是不是让你大开眼界？当然，除了世界最热的地方，你知道世界最冷的地方在哪里吗？最干旱的地方呢？

# 地球寒极

## ◎ 地球上最冷的地方

南极大陆上厚厚的冰层

地球上最冷的地方在南极大陆。为什么地球上最冷的地方会出现在南极大陆呢？原来，由于海拔高，空气稀薄，再加上冰雪表面对太阳辐射的反射等，使得南极大陆成为世界上最为寒冷的地区，其平均气温比北极要低 20℃。南极大陆的年平均气温为 –25℃。南极沿海地区的年平均温度为 –20℃ ~ –17℃；而内陆地区的年平均温度则为 –50℃ ~ –40℃；东南极高原地区最为寒冷，年平均气温低达 –57℃。1967 年初，挪威在极点附近测得 –94.5℃ 的低温。据估计，在东南极洲上可能存在 –100℃ ~ –95℃ 的低温。

南极不仅是世界最冷的地方，也是世界上风力最大的地区。那里平均每年 8 级以上的大风有 300 天，年平均风速 19.4 米/秒。1972 年澳大利亚莫森站观测到的最大风速为 82 米/秒。法国迪尔维尔站曾观测到风速达 100 米/秒的飓风，这相当于 12 级台风的 3 倍，是迄今世界上记

**第一个到达南极极点的人是谁**

第一个到达南极极点的人是罗尔德·阿蒙森以及他的随行人员，到达时间是 1911 年 12 月 14 日。阿蒙森的主要对手罗伯特·斯科特在一个月后到达南极。在回程的时候，斯科特以及他的同伴4人全部由于饥饿和极度的寒冷而死亡。

录到的最大风速。南极风暴所以这样强大，原因在于南极大陆雪面温度低，附近的空气迅速被冷却收缩而变重，密度增大。而覆盖南极大陆的冰盖就像一块中部厚、四周薄的“铁饼”，形成一个中心高原与沿海地区之间的陡坡地形。变重了的冷空气从内陆高处沿斜面急剧下滑，到了沿海地带，因地势骤然下降，使冷气流下滑的速度加大，于是形成了强劲的、速度极快的下降风。

## ◎亚欧大陆及美洲最冷的地方

除了南极大陆，在亚洲也有一个寒极——奥苗康谷。那里的情况和南极大陆不同，因为南极大陆无人居住，而那里则常年有人居住。在俄罗斯雅库茨克东北800千米有一个名叫乌斯特·尼拉的重要金矿场，它位于一个名叫“奥苗康谷”的绵长山谷中，山谷中的温暖空气上升而形成“帽子”，较为凝重和寒冷的空气则沿着各大山的山侧下降，止于盆地底部。气象学家把这种情况称为“负辐射平衡”，意思是指从太阳获得的能量少于从地球向上辐射的能量。乌特斯·尼拉的温度在-20℃以下时，便极有可能被浓雾笼罩。

**知识小链接**

**猛　犸**

猛犸，哺乳纲，长鼻目，真象科。猛犸的生活年代约11000年前，源于非洲，早更新世时分布于欧洲、亚洲、北美洲的北部地区，可以适应草原、森林、冻原雪原等环境，少数种类如真猛犸披有长毛，以群居为主。最后一批猛犸象大约于公元前2000年灭绝。

目前，乌斯特·尼拉市的人口已超过万人，其中绝大多数是矿工，他们最大的问题莫过于埋葬死人了。他们必须在前一天晚上整夜生火，第二天待火一熄灭就掘地。埋葬在雅库茨克的尸体经久不腐烂，情况跟古代猛犸的尸体一样。他们的主要菜肴是从因印第格尔卡河运来的冻鲜鱼，鱼一离水接触到冷空气就会冻僵，食用者不加烹调，只用刀把鱼切成长长的薄片，蘸调料而食，这里的燃料很珍贵，鱼都是生食的，因气温过低，细菌无法繁殖，因此可以放心食用。

在户外，机器的钢像冰一样脆而易折。卡车轮胎驶越坑沟槽时常会裂开，这里每个人都穿上皮靴或毡靴，人造皮革所制的靴底在户外暴露 10 ~ 15 分钟就会龟裂。在这样的寒冷的天气中，除野狼以外，其他动物已荡然无存，以致人们常捕捉幼狼豢养为宠物。现代人只有在雅库特才有机会尝到古代猛犸巨象的肉味。第一批完整无缺的猛犸尸体于 1937 年 11 月在该地发现，肉质与新鲜感的相差无几，但他们已在冰隙中至少储存了 2 万年。地球上全年有居住的最冷地区是雅库西亚东北部的一个小村庄，居民约 600 人。奥苗康谷，位于海拔 700 米的一个山谷里。该村的气象站在 1959 年 1 月所记录下的气温是 -71℃。

人们根据在雅库特发现猛犸古象的尸体复原的照片

在美洲和欧洲也各有一个寒极。在北美洲，由于陆地面积不如欧亚大，加上山脉呈南北走向，因此那里的冷高压不如亚洲强盛，并且它可以无阻挡地向南伸展，致使北美冬天的寒冷程度稍逊于亚洲。同时，由于北冰洋对气候的调节作用，最冷的地方也像亚洲一样，不在纬度更高的北冰洋沿岸，而在稍南的内陆冷空气易堆积的谷地。例如，育空谷地的极端最低气温为 -63℃。

在欧洲，最冷的地方自然是格陵兰岛。那里纬度高，地势高，地面为冰原覆盖，气候终年严寒，其中埃斯密特地区的极端最低气温达 -65℃。

## ◎中国最冷的地方

中国最冷的地方是黑龙江省的漠河。漠河是一个位于中俄边界的小村庄，冬天的最低气温可达 -40℃ ~ -30℃，极端最低气温可达 -50℃，十分的寒冷。在漠河，刚烧开的水在室外倒出时就会马上结成冰。夏天的平均气温也在几摄氏度左右，因此漠河的人口数量不多。在冬天的有些时候，还可以见到美丽的极光现象。

神州北极——漠河

漠河为什么会成为中国最冷的地方呢？原来，漠河县位于黑龙江省西北部，中国的最北端。地理坐标为东经 121°07′ ~ 124°20′，北纬 52°10′ ~ 53°20′。东与塔河县接壤，西与内蒙古额尔古纳右旗交界，南与内蒙古的额尔古纳左旗为邻，北与俄罗斯隔江相望。界河黑龙江，自上游河口算起，边境线长 245 千米。除黑龙江之外，境内最大河流为额木尔河，发源于伊勒呼里山北麓，流经境内 230 千米，于本县兴安镇古城岛注入黑龙江。

广角镜

### 奇妙的极光

极光是常常出现于纬度靠近地磁极地区上空大气中的彩色发光现象。一般呈带状、弧状、幕状、放射状，这些形状有时稳定有时做连续性变化。极光是来自太阳活动区的带电高能粒子流使高层大气分子或原子激发或电离而产生的。

漠河属于寒温带季风型大陆气候。冬季漫长、严寒、低温多雪。夏季高温多雨，昼夜温差大。年平均气温在 -5℃以下，夏季最高温度可达 38℃，冬季最低温度曾达 -52. 3℃。

# 地球热极

## ◎地球上最热的地方

世界曾经有几次测量热极，但是每次测量的结果并不一样。这一方面是因为目前人类还无法对地球上的每一寸土地进行测量；另一方面是因为地球上的气候正逐渐发生着变化。

第一次世界最热的地方，是1879年7月17日在阿尔及利亚的瓦格拉测到的，绝对温度达53.6℃。

第二次世界最热的地方，是1913年7月，美国加利福尼亚州的岱斯谷出现了56.7℃的高温纪录。从此，地球"热极"从非洲跑到了美洲。

第三次世界最热的地方，是1922年9月13日，在非洲利比亚的加里延，盛吹"吉卜利"热风时，以57.8℃刷新了世界热极的纪录。地球"热极"的桂冠再次被非洲摘取。

第四次世界最热的地方，是1933年8月，墨西哥的圣路易斯测到了57.8℃的最高温度，这样圣路易斯就同加里延分享世界"热极"的称号。美洲大陆和非洲总算"平分秋色"了。

第五次世界最热的地方，是1960~1966年，埃塞俄比亚的达洛尔测到了6年平均温度是34.4℃，这当然没有前面几个高。

第六次世界最热的地方，是在1966之后，在非洲的索马里国家的阴影处测得的温度竟高达63℃。那么，非洲大陆地球"热极"的称号能保持多久呢?

不久，美国宇航局的卫星曾记录伊朗卢特沙漠的表面温度高达71℃，据推测，这是有史以来记录的地球表面的最高温度了。卢特沙漠占地面积约480平方千米，被人们称做"烤熟的小麦"。这里的温度之所以如此之高，是因为地表被黑色的火山熔岩所覆盖，容易吸收阳光中的热量。

### ◎ 中国最热的地方

素有“火洲”之称的吐鲁番以炎热干燥闻名于世，被公认是中国气温最高的地方。2009 年 7 月，吐鲁番地区平均温度比往年高出 1℃以上，最高温度达到 46. 2℃。

吐鲁番位于新疆天山东部山间盆地中，有 2000 多平方千米是低于海平面 100 米以下的低地。盆地令热气积聚，难以与外界空气交换，所以异常炎热。历史上吐鲁番最高温度曾达到 47. 7℃，地表温度高达 75. 8℃。当地民间流传着“沙窝里蒸熟鸡蛋，石头上烤熟面饼”的说法。

吐鲁番年平均降水量仅为 16. 7 毫米，2009 年上半年的降水量低于往年，2 月份与 4 月份均没有降雨。日照时间长，年平均无霜期 270 天。高温加快水分蒸发速度，使得吐鲁番的天气十分干燥。

不谙内情的人常常疑问，这么酷热的天气，当地人怎么生活？原来，这里气温虽然高，但相对湿度却很低，高温低湿，虽热而不闷。另外昼夜温差很大，常可达 20℃。

吐鲁番在维吾尔语中意为“富庶丰饶的地方”，是内地连接新疆、中亚地区及南北疆的重要通道。吐鲁番是西域自然生态环境和绿洲农业文明的代表，优越的光热条件和独特的气候，使这里盛产葡萄、哈密瓜等作物，旅游资源也极其丰富。

## 地球干极

### ◎ 地球上最干燥的地方

地球上最干燥的地方在南极大陆的干谷。这里的山谷两千年来不曾下过雨。只有一个山谷除外，这个山谷的湖泊在夏天会被内陆流过的河水短暂充满，而干谷不含湿气（水、冰或者雪），这就是干谷存在时速为 320 千米的风的原因，风蒸发了所有水汽。

这些干谷很奇特：除了散落地面的荒芜砾石外，它们还是南极唯一没有冰雪覆盖的陆地。干谷位于南极洲纵贯山脉，它们处于蒸发（或者说是升华）比降雪更多的山脉地区，所以，所有冰都消失了，只留下干涸贫瘠的土地。

地球上另一个最干燥的地方是智利的阿塔卡马沙漠，有些地方几个世纪以来都是零降雨。难以想象一次干旱竟延续了 400 年之久，但这的确曾发生在智利阿塔卡马沙漠的部分地区。这些地区自 16 世纪末以来，于 1971 年首次下了雨。位于阿塔卡马沙漠北端的阿里卡从来不下雨。它已成为一个闻名的度假地，靠引安第斯山脉的管道水来供水。

> **你知道吗**
>
> **吐鲁番的瓜果为什么特别甜**
>
> 吐鲁番地处我国西北内陆地区，远离海洋，是大陆性气候。这种气候冬冷夏热，雨量少，气候非常干燥；晴天多，日照充足。由于日照充足，使高山冰雪消融，给农作物输送来宝贵的水。白天温度高，可以加强农作物的光合作用，有利养分的积累。夜间温度低，农作物的吸作用减弱，减少了养分的消耗。因此，瓜果特别甜。

阿塔卡马沙漠从智利与秘鲁交界处向南延伸约 960 千米，地势一般比海平面要高得多，平均为 610 米。它由一连串盐碱盆地组成，几乎没有植物。

阿塔卡马沙漠为什么如此干燥呢？一部分原因在于来自南极寒流产生了很多的雾和云，但并没有降雨；另外一部分原因是东面的安第斯山脉就像一道屏障，挡住了来自亚马孙河流域可能形成雨云的湿空气。

## ◎ 中国最干燥的地方

中国年雨量的分布形势是东南多，西北少，从东南向西北减少，所以等雨量线多从东北走向西南。从大兴安岭西坡一直向西南到达西藏拉萨附近的 400 毫米等雨量线，差不多把中国分成了西北和东南两半，线的东南年雨量较多，淮河汉水以南年雨量普遍都在 1000 ~ 1500 毫米以上，东南沿海更多至

阿塔卡马沙漠

1500 ~ 2000 毫米，自然植被多为森林；线的西北年雨量从 400 毫米减到 100 毫米以下，植被从东部的草原变为西部的荒漠或半荒漠景观。吐鲁番盆地、塔里木盆地和青海柴达木盆地是中国气候最干燥的地区，年雨量多在 25 毫米左右以下。例如，塔里木盆地南缘的且末年雨量为 18.6 毫米，若羌为 17.4 毫米，吐鲁番为 16.4 毫米，柴达木盆地中的冷湖为 17.6 毫米。新疆天山东端靠近中蒙边境的一个不大的盆地中的伊吾淖毛湖（北纬 43°46′，东经 95°08′，海拔 498.3 米）年平均雨量更少，只有 12.0 毫米，但这还不是中国气象站中雨量最少的地方。中国雨量最少的气象站吐鲁番盆地西侧的托克逊（海拔不到 1 米）年雨量平均只有 6.9 毫米。据报道，在吐鲁番盆地南部寸草不生的却勒塔格荒漠等地区，有些年份甚至终年滴雨不降。

不过干旱地区雨量逐年变化很大，极不稳定。以吐鲁番为例，1951 ~ 1960 年平均雨量为 21.0 毫米，而 1961 ~ 1970 年平均却只有 12.6 毫米，几乎少了一半。其中最多的 1958 年雨量为 45.4 毫米，而最少的 1968 年却只有 2.9 毫米，相差约 16 倍。再如且末 20 世纪 50 年代年平均雨量仅 9.2 毫米，而 20 世纪 60 年代反而多至 24.7 毫米，最多雨的 1968 年雨量多达 54.9 毫

**趣味点击　可与钱塘江大潮相媲美的亚马孙河涌潮**

亚马逊河还有一个世界自然奇观——涌潮，它可以和我国的钱塘江大潮相媲美。亚马孙河穿越了辽阔的南美洲大陆以后，在巴西马拉若岛附近注入大西洋。亚马孙河的入海口呈巨大的喇叭状，海潮进入这一喇叭口之后不断受到挤压，近而抬升成壁立潮头，可以上溯 600 ~ 1000 千米。一般潮头高 1 ~ 2 米，大潮时可达 5 米。

米，最少的1960年仅3.6毫米，相差也达15倍。所以干旱地区的年平均雨量并没有多大意义，它随统计年代的不同而变动甚大。

有意思的是在这些干旱区里，农田主要依靠河流、高山冰雪融水和地下坎儿井灌溉，不靠天吃饭，庄稼有光有热又有水，稳产高产。区区小雨不但于作物无益，而且有害：在蒸发过程中会引碱上升，以及由于雨水使土面板结，影响棉花出苗，所以一旦有雨，还要紧急动员中耕松土。

## 世界雨极

### ◎世界上雨量最大的地方

一般认为世界上最潮湿的地方是印度的乞拉朋齐。印度阿萨姆邦的乞拉朋齐位于喜马拉雅山麓的南边，这里平均降雨量高达10866毫米。

一年下10866毫米的雨，的确是一个不小的数字。上海是我国雨水比较充沛的城市，年平均降雨量为1134毫米，要下10866毫米的雨，就需要9年多的时间。如果拿降水十分稀少的地区来说，下10866毫米的雨量，就需要上千年，在气候反常的1860年，乞拉朋齐一年里曾下过26467毫米的雨水，平均每天要下近72毫米的雨，按照气象学上的规定，日雨量50毫米以上，就是暴雨了。

**你知道吗**

**小雨、中雨、大雨、暴雨是怎样划分的**

通常说的小雨、中雨、大雨、暴雨等，一般以日降雨量衡量。其中小雨指日降雨量在10毫米以下；中雨日降雨量为10～24.9毫米；大雨降雨量为25～49.9毫米；暴雨降雨量为50～99.9毫米；大暴雨降雨量为100～199.9毫米；特大暴雨降雨量在200毫米以上。

为什么乞拉朋齐会成为地球上最潮湿的地方呢？乞拉朋齐位于喜马拉雅山麓的南边，北部高入云霄的山峰，就像一座“天壁”。来自孟加拉湾的十分潮湿的气流碰到山地时，受山脉的抬升作用而产生强烈的上升运动，升到高空的潮湿空气便凝成云雨。由于这股潮湿空气“源远流长”，不断流入，雨水便源源不断地制造出来，并被巍巍的高山全部阻挡在山的南部，这就是乞拉朋齐成为“世界雨极”的原因。

不过，关于世界上最潮湿的地方，一直有个争议。这是因为哥伦比亚的罗洛每年降水超过 12 万毫米。这里的降雨量多于乞拉朋齐。所以有些人认为这里是世界上雨量最大的地方。

乞拉朋齐的雨季每天都在下雨

但是，与哥伦比亚不同的是，乞拉朋齐在 6 月到 8 月的“西南雨季”降雨量最大。1861 年 7 月乞拉朋齐曾以 9296 毫米的降雨量创下最潮湿月的纪录。事实上，在 1860 年和 1862 年间，乞拉朋齐格外潮湿，1860 年 8 月 1 日和 1861 年 7 月 31 日（两个雨季部分的交叠时期），乞拉朋齐的降雨量为 26467 毫米。在 1861 年全年的降雨量为 22987 毫米，4 月到 9 月之间的降雨量为 22454 毫米。

因此，到底哪个是最潮湿的地方？这要取决于测量方法和程序以及被测量的时期。

## 知识小链接

### 五大湖

五大湖是美国和加拿大之间五个相连湖泊的总称，它们从西向东依次为苏必利尔湖、密歇根湖、休伦湖、伊利湖和安大略湖。五大湖的湖盆主要由冰川刨蚀而成，是世界上最大的淡水水域，有北美洲地中海之称。

降水的另一种形式是下雪。世界上一年中下雪最多的地方是美国首都华盛顿，年降雪量达 1870 厘米。为什么华盛顿能下这么多的雪呢？下雪需要有两个条件：一是温度要下降到 0℃以下，二是要有充足的水汽。华盛顿离大西洋、五大湖都不远，水汽来源十分充沛；同时，来自格陵兰岛的冷空气常常经过这里，因而使它成了世界上年降雪量最多的地方。据记载，美国华盛顿州的雷尼尔山从 1971 年 2 月 19 日至 1972 年 2 月 18 日的 12 个月中，下雪合计达 31100 毫米厚。

## ◎ 中国的雨极

中国的雨极是火烧寮。火烧寮位于台湾岛东北端，基隆的南面，是我国降水最多的地方。据 1906 ~ 1944 年 38 年资料统计，火烧寮年均降水量达 6557. 8 毫米，1912 年降水量高达 8409 毫米，降水日数也多，年均降水日数达 214 天。我国日降水量最大的地方也出现在台湾省的火烧寮，为 1672 毫米。

火烧寮之所以成为我国降水最多的地方，主要是受位置、地形、冬夏季风和台风等诸多因素影响造成的。火烧寮位于台湾山脉东北端海拔 420 米的山坡上，坡向面海。夏秋季节，自东南海上吹来的湿热夏季风，台风登陆时被地形抬升作用造成丰沛的降水。冬季时，又受到东北季风的影响。由于东北季风经过了广阔的海洋，特别是掠过了“黑潮”的暖流水面后水汽剧增，气流到达火烧寮时，又受到地形的抬升便形成了大量的降水。据统计，从 11 月到次年 3 月，火烧寮的冬季降水量，占全年总降水量的一半。

**广角镜**

### 历史上第一个三次获得奥运举办权的城市

国际奥委会第 117 次全会 2005 年 7 月 6 日表决，通过 4 轮投票，伦敦在最后关头以 4 票优势击败竞争者，获得 2012 年第 30 届夏季奥林匹克运动会的举办权，同时也成为历史上第一个三次获得奥运举办权的城市，此前伦敦曾分别在 1908 年和 1948 年举办过奥运会。

由于火烧寮冬夏降水量都很大，从而成为我国的“雨极”。

所以，火烧寮所在地的基隆又有“雨港”之称。据统计，基隆一年有200多个雨天，真正是三天两头下雨。

## 世界著名的雾区

### ◎雾都伦敦

伦敦受北大西洋暖流和西风影响，属温带海洋性气候，四季温差小，夏季凉爽，冬季温暖，空气湿润，多雨雾，秋冬尤甚。

伦敦夏季（6～8月）的气温在18℃左右，有时也会达到30℃或更高。在春季（3月底～5月）和秋季（9～10月），气温则维持在11℃～15℃左右。在冬季（11月～3月中旬），气温波动在6℃左右。在伦敦冬季有罕见结冰的情况，但潮湿和阴冷的空气会使人一个冬天内得2～3次感冒。

雾都伦敦

伦敦全年都可以旅游，但在冬季一些观光景点会关闭或缩短开放时间。一般天气好的时候都会开放。7～8月是伦敦的观光旅游旺季，但这几个月中除了有不确定的阳光外，还有拥挤的人群和被抬高的价格。

伦敦还有一个别称，那就是“雾都”。这看上去是一个十分浪漫的名字，但是实际上并没有名字这么美丽。伦敦市区因常常充满着潮湿的雾气，因此有个叫“雾都”的别名。20世纪初，伦敦人大部分都使用煤作为家居燃料，产生大量烟雾。这些烟雾再加上伦敦气候，造成了伦敦远近驰名的烟霞，英语称为 London Fog（伦敦雾）。因此，英语有时会把伦敦称为“大烟”（The Smoke），伦敦并由此得名“雾都”。1952 年 12 月 5 日至 9 日期间，伦敦烟雾事件令 4000 人死亡，政府因而于 1956 年推行了《空气清净法案》，于伦敦部分地区禁止使用产生浓烟的燃料。时至今日，伦敦的空气质量已经得到明显改观。

## ◎ 中国雾最多和最少的地方

由于雾分布的局地性很强，所以中国各地雾日相差很大。广州每年平均只有 5.1 天，上海多至 43.1 天，北京 22.9 天，哈尔滨为 15.0 天。东部大多数地区每年雾日都在 5～25 天之间，西北干旱地区则多在 5 天以下。中国年雾日超过 25 天的区域只有长白山地区、浙江沿海、四川盆地和湘黔交界山区等地区，闽北山区和滇西南山区年雾日还可达到 100 天以上。例如，西双版纳的勐腊每年有雾日 152.7 天，闽西北太宁 154.0 天。此外，据非正式记载，海南岛五指山区有的地方雾日甚至可以超过 200 天。这些都是中国低海拔地区中雾日最多的地方了。

号称中国雾都的重庆，根据 1951～1964 年 14 年的纪录，每年只有 93.5 天，最多一年才 148 天，远远不及上述多雾的地区。

> **趣味点击　蜀犬吠日的由来**
>
> 蜀犬吠日成语常比喻少见多怪，其来源与我国四川的气候有关。四川盆地空气潮湿，天空多云。四周群山环绕，中间平原的水汽不易散开，那里的狗不常见太阳，看到太阳后就觉得奇怪，就要叫。因此蜀中有“蜀犬吠日”之说。

但是中国雾日最多的地方还是在高山之上，例如福建九仙山每年雾日有 300.8 天，浙江括苍山有 286.4 天，金佛山有 270.6 天等，都比勐腊和太宁要多得多，真可谓“云雾山中”。可是中国雾日最多的气象站还要数四川的峨眉山，1953～1980 年平均雾日高达 322.1 天，最少年也有 308 天，最多年份达 338

天，差不多天天有雾。峨眉山 7~10 月份各月平均雾日都在 28 天以上，就是最少雾的 12 月份，月平均雾日也高达 24 天，这些都是全国纪录。然而，就在峨眉山麓的峨眉气象站，年平均雾日却只有 4.4 天，有的年份还没有雾出现，山顶山麓雾日对比是何等的鲜明！

中国雾日最少的地区，发生在比较干旱的地区和热带海洋两种截然相反气候里。干旱地区水汽少，雾日少当然可以理解，例如青藏高原上的拉萨、昌都、定日等站，建站二三十年以来竟都没有出现过雾。中国年平均雾日不足 1 天的地区十分广大。奇怪的是，南海诸岛却也 10 年中难得出现几次雾，如西沙珊瑚岛、台湾恒春每年仅 0.3 天，西沙永兴岛每年仅 0.4 天，东沙岛每年仅 0.6 天等。号称天涯海角的海南岛南端的榆林港，甚至建站以来从未出现过雾，故有“无雾港”之称。这是由于热带海洋上一般冷空气难以到达，气温变化和缓，空气难以达到饱和的缘故。

中国多雾的季节大致可以分为两种类型。淮河、秦岭以南的东南部地区和西北内陆干旱地区，均以 10 月~次年 4 月的冬半年多雾。例如广州 11 月~次年 4 月总雾日 4.3 天，占年雾日的 90%；上海 10 月~次年 4 月总雾日 35.4 天，占年雾日 75%；乌鲁木齐 11 月~次年 3 月总雾日 16.6 天，占年雾日的 96%。而其余的从东北、华北到青藏高原的广大地区则以夏秋季节（7~9 月或 6~10 月）多雾。例如，北京 7~11 月总雾日 10.6 天，占年雾日 60%，最多月是秋季 11 月，月平均有雾 2.5 天；哈尔滨最多雾在 8 月，平均 1.8 天，其次在 10 月，平均 1.6 天。

雾出现的时间，一般以傍晚到清晨，尤以后半夜到清晨为多。例如，哈尔滨夏季最多雾在 3~5 时，冬季在 6~8 时左右；上海夏季 5~6 时，冬季 6~8 时左右。可见雾的消散时间，一般在日出以后不久，仅云南西南部多雾地区隆冬季节拖延较长，一般在北京时间（比当地时间早 1 小时）2~3 时起雾后，总要到 10~11 时才消散。

在中国，雾的持续时间，全国大多数台站都不超过 4 小时。例如，哈尔滨年雾日 14.7 天，其中持续时间少于 4 小时的占了 11.2 天，超过 6 小时的仅占3天；北京年雾日20.8天，其中13.9天的持续时间少于4小时，超过6小时的仅3.8天；上海年雾日45.4天，其中37.7天持续时间少于4小时，超过6小时的仅4.3天；广州全年5.1天，其中4.4天持续时间少于4小时，超过6小时的仅0.7天。仅西南地区雾的持续时间较长，但一般也不超过12小时。例如，雾都重庆年雾日72.9天，其中只有12.6天持续时间为6～12小时。云南西南部西双版纳等地区是中国低海拔地区雾持续时间最长的地方，例如澜沧全年雾日131.9天中，也只有54.2天雾的持续时间达到6～12小时。

## 中国大风、雷电和冰雹日极值

### ◎中国极端最大风速

极端最大风速是指在一地曾经出现过的最大的瞬间风速。因为最大风速总是只持续很短时间，因此平均时距越长，则平均风速就越小，所以，极端最大风速是一地所有实测风速中最大的风速。

新中国成立后，广州极端最大风速是35.4米/秒，东北风，发生于1964年9月5日；上海是34.7米/秒，西风，发生于1967年3月26日；北京极端最大风速28.3米/秒，北风，发生于1968年3月4日；哈尔滨1972年8月16日极端最大风速达到了34.0米/秒。

中国较大的极端最大风速大多是由台风造成的。例如，1979年8月2日强台风过境，汕头最大风速60.4米/秒，风向为东风；厦门1959年8月23日强台风时瞬时最大风速也有60.0米/秒，风向为东南偏东；河北塘沽站在1966年8月28日飑线（沿飑线有突发性大风）过境时，使瞬时极大风速达到48.7米/秒（风向为北风），等等。

但是，台风登陆后风速就要大大减小，因此中国地面风速真正最大的地方不在陆地而在海上。台湾附近洋面上曾经观测到过 90 米/秒的瞬时极大风速。不过，中国真正的最大风速还可能是在珠峰顶上，因为中国南方冬半年高空有一支流速特别快的气流，称为西风急流。急流中心高度一般在 11 ~ 12 千米，隆冬 1 月份急流中心的平均风速达到了 60 ~ 80 米/秒以上。珠峰海拔接近 9000 米，已经伸到了急流中心的下方，所以珠峰附近定日气象站 9000 米高度上 1 月份的平均风速也达到了 35 米/秒，仅从收集到的 149 次探空观测中挑出来的最大风速已经达到了 87 米/秒，珠峰上风速之大，由此可见。



据记载，上海 9000 米高空 1 月份 229 次观测中曾出现过 116 米/秒的风速，南京 14000 米高空 62 次观测中曾出现过 136 米/秒的风速记录。

## ◎ 中国大风日数哪里最多，哪里最少

大风日数是反映一地区风速大小的一个指标。怎样才算是大风日呢？中国气象部门规定，凡一天中只要某一瞬时风速达到 8 级或 17 米/秒以上时，这一天就记为大风日，而不管大风时间持续多久。一年（或月）中的大风总日数，就称为这一年（或月）的大风日数。我们所要介绍的就是多年平均的年大风日数。

广州大风日数很少，平均每年只有 5.9 天，上海每年 15.1 天，北京 26.7 天，哈尔滨多些，有 40.9 天。一般说来，年平均风速最大的地方，年大风日数也最多，例如长白山天池气象站年平均大风日数为 267.8 天，即 4 天中平均有 3 天刮大风，居全国之首，最多一年甚至刮了 304 天之多。从 11 月到来年 5 月的大风季节中，这里每月平均都有 25 ~ 29 天大风。其次为福建德化的九仙山，平均每年大风日 203.6 天（最多年份 268 天），全年各月都有 13 天以上大风，3 ~ 6 月每月大风都在 19 天以上。其他大风日数多的地方还有：五台山年平均大风 189.2 天（最多年 220 天），大风季也在 11 月到来年 3 月，每月平均大风日数都在 20 ~ 24 天；新疆博乐阿拉山口，这里海拔不高，只有 282 米，主要是峡谷地形而产生大风，每年平均 163.8 天（最多年 198 天），

其中5~7月都在20~21天。

大风日数以河谷盆地地形为最少。如贵州贵定每年平均仅0.2天，即10年中才有2天大风；再如四川天全、荥经，云南威信、西畴每年0.3天，湖北恩施、贵州金沙每年0.5天，辽宁桓仁每年0.6天等。

## ◎ 中国哪里雷电最多，哪里雷电最少

耀眼的闪电刺破长空，隆隆的雷声震撼大地。气象站每听到雷声，就记这一天为雷暴日，不管是打了一声雷，还是打了几小时的雷（当然中间允许有间歇）。

中国年平均雷暴日数的分布形势是南方比北方多，山区比平原多，陆面比水面多。中国雷暴日数最多的地区是云南南部和两广地区，年平均雷暴日数可达90~100天，甚至更多。其中西双版纳和海南岛中部山区，年平均雷暴日可达120天以上。例如勐腊年平均雷暴日数为123.7天（最多年148天），儋县122.5天（最多年139天），景洪120.8天（最多年149天）等，都是中国雷暴最多的台站。

青藏高原东部和横断山区中北部是中国仅次于云南、海南岛的多雷区，许多台站每年都可达到80~90天，例如西藏索县年平均雷暴日数94.8天（最多年118天），那曲每年85.2天（最多年98天）。

从两广和青藏高原东部这两个多雷区向北，雷暴日数明显减少（广州平均每年81.3天）。中国东部地区大约北纬30°以北，青藏高原东部大约北纬35°以北，年平均雷暴日数就降到50天以下，一般为30~40天（上海30.1天，北京35.6天，哈尔滨30.9天）。西北内陆干旱地区和青藏高原西北部雷暴十分稀少，一般每年只有5~10天，例如柴达木盆地察尔汗每年平均仅1.7天，冷湖2.3天，新疆和田3.2天等，都是中国雷暴最少的台站，这些台站有些年份甚至终年听不到雷声，例如柴达木盆地中的冷湖，1961~1970年的10年中就有3年没有发生过雷暴。但热带海洋中雷暴之少也令人惊异，例如西沙永兴岛和珊瑚岛年平均雷暴日数分别为33.4天和30.2天，这还算是多

的；金门和马祖岛更少，分别只有 11.0 天和 13.6 天；南海中的东沙群岛 1926～1936 年的 10 年间每年平均只有 7.2 天，1963～1970 年每年平均只有 8.1 天。

中国各地雷暴日数一律以夏季最多，但是除了隆冬季节以外，全国绝大多数地区都可闻雷声。大约长江、巴山以南，青藏高原以东地区，即使在隆冬也曾响过雷声。全国最多雷的月份是 6～8 月。例如，广西沿海的东兴气象站 8 月份平均高达 23.8 天（最多月份曾达 30 天，即几乎天天有雷），钦州 8 月 23.7 天（最多月 29 天），海南儋县 6 月 21.9 天（最多月 29 天）等。在青藏高原东南部地区因为雷暴高度集中在夏季，所以 7～8 月雷暴日数也高达 20 天以上。例如，江孜 8 月平均雷暴日数 23.1 天（最多月 27 天），日喀则 8 月为 21.8 天（最多月 27 天，7 月份最多曾有 30 天有雷），申扎 7 月 20.1 天（最多月 26 天）等，这些气象站海拔多在 4000 米以上。

中国各地雷暴发生的时间，大陆上都以午后到傍晚前后最多。例如，广州、上海雷暴分别集中在 12～20 时和 12～18 时；北京、哈尔滨的雷暴出现时间较晚，多集中在 14～22 时。全国以青藏高原雷暴的集中程度最高，如那曲 93%～94% 集中在 12～22 时。

可是有些沿海台站、岛屿和高大河谷地区，夜雷暴增多，甚至比午后还要多。例如，沿海台站东兴以早上 6 时左右最多，河谷地形中的拉萨和河口分别以 21 时和次日 2 时左右最多。

## ◎ 中国哪里冰雹最多

凡是气象站观测到有冰雹落下，不论下多长时间，都算一个雹日。不过，因为冰雹的地区局限性很强，一个县下一次冰雹不见得正好落在气象站。因此气象站所记的雹日，常常比全县实际降雹次数要少，有时还少得很多。

中国雹日分布的情况是西部多，东部少；山区多，平原少。东部的广州、上海、北京和哈尔滨全属平原地区，因此冰雹都很少。广州在新中国成立后没有下过冰雹，上海平均 10 年中有 2 天，北京每年 1.1 天，哈尔滨每年 2.8 天。

中国冰雹最多的地区是在青藏高原，例如西藏东北部的那曲每年平均有 35.9 天冰雹（最多年曾下了 53 天，最少年也有 23 天）；其次是班戈 31.4 天（最多年 48 天，最少年 22 天），申扎 28.0 天（最多年 37 天），安多 27.9 天（最多年 40 天），索县 27.6 天（最多年 44 天），均出在青藏高原。此外，新疆天山山脉西段的昭苏，每年平均冰雹也达 22.2 天（最多年 32 天），这是中国除了青藏高原以外最多冰雹的气象站了。

沙漠地区和南方广大地区是中国冰雹最少的地方，这些地区里有许多站在新中国成立后都没有下过冰雹，例如沙漠地区的吐鲁番、若羌，长江中下游地区的浙江南麂岛、安徽巢湖，华南的广州、惠阳、汕尾、深圳、西沙群岛等。

## 拓展阅读

### 冰雹谚语

雹子本地生，外来很稀松；雹来顺风走，顶风就扭头；雹走老路；秋天冰打茬，明年冰打夏；雹子吃霜，干断长江；冰雹后定红，久雷刮大风；先看雹，后听雷，大雨后边随。

中国降雹季节各地也有不同。可以分为春雹型（多在 2 ~ 4 月或 3 ~ 5 月）、春夏雹型（4 ~ 7 月）、夏雹型（5 ~ 9 月或 6 ~ 9 月）和双峰雹型（5 ~ 6 月及 9 ~ 10 月）4 种。淮河、秦岭以南多属春雹型，青藏高原多雹区主要是夏雹型和双峰雹型。从全国来说，雹最多的季节是 6 ~ 9 月份，其中以青藏高原为最多。例如那曲 6 月、9 月和 8 月平均雹日分别为 9.3 年、9.0 年和 8.7 天，索县 6 月有 8.8 天，申扎 7、8 月也有 8.0 天等。每月下 8 ~ 9 天冰雹，的确也够多的了。

冰雹的出现时间，多数是在午后到傍晚。根据大同等 15 个测站统计，60% 以上的冰雹出现在下午 12 ~ 17 时。但也有少数地区，例如湘西、鄂西南、川东南及黔东等10多个山区测站统计，56%以上的冰雹下在20时到次日凌晨6时之间。

根据哈尔滨、北京、武汉、昆明等几个大中城市的平均来看，中国冰雹中有58%的持续时间不到5分钟，下到6~10分钟的占23%，11~20分钟的占10%，持续时间达20~30分钟和半小时以上的仅各占5%。也就是说，冰雹的持续时间一般不长，81%都短于10分钟，91%都短于20分钟。

中国大部分地区中，都曾发现过一天降两次冰雹的情况，青藏高原东部、黄土高原东北部及黔湘两省北部、黑龙江省中部，甚至一天下过4次冰雹，湖北省五峰气象站1964年2月7日一天内断续降雹曾达9次之多。

一般说来，中国东南部地区见雹不易，而北方和西部地区则多有连雹2天的情况，青藏高原东部甚至可连雹3~5天，那曲1954年9月11~21日连续11天，天天有雹，可称全国连雹日数的冠军了。